轻松做

《优质生活》编委会 编著

营养豆浆

幸 福 家 滋 味

中国纺织出版社

Part 1　豆时代，"豆"健康

Part 2　五彩缤纷的豆浆家族

Part 3　　一碗豆浆，呵护全家

Part 4　　五色豆浆养五脏

Part 5　　豆浆，还是家常的好

Part 6　清清豆香，四时飘香

Part 7　有滋有味的豆浆食疗

Part 8 "豆"养花样女人

Part 9　上班了，美好一天"浆"开始

Part *10* 百变新潮"豆"滋味

Part 1

豆时代，"豆"健康

天然营养，豆里乾坤

豆中营养，不可或缺

豆类营养价值很高，一直是我国传统饮食中不可缺少的重要组成部分。传统说法，"五谷宜为养，失豆则不良"，就是说，五谷是有营养的，但不搭配豆类，营养就会失去平衡。民间更有"每天吃豆三钱，何需服药连年"的谚语。根据营养成分和含量的不同，豆类可分为两种：大豆类，如黄豆、青豆、黑豆等；其他豆类，如绿豆、红豆、豌豆、豇豆、扁豆、刀豆、蚕豆等。

现代营养学研究证明，豆类是唯一能与动物性食物相媲美的高蛋白、低脂肪食物。豆类富含蛋白质，同时几乎不含胆固醇，是中国人补充蛋白质、钙和锌的最佳食物来源。豆类中所含的不饱和脂肪酸很多，因而是预防高血压、冠心病、动脉粥样硬化等疾病的理想食品。每天适量多吃些豆类食物及其制品，可有效增强免疫力，降低患病的概率。

如果将五谷杂粮随意搭配制成豆浆，就可将人体中最需要的8大重要营养元素积聚在一起，更有利于人体全面吸收各种营养。

豆浆中的8大营养素

大豆卵磷脂

大豆卵磷脂的主要作用有：延缓人体衰老；有效降低血脂和胆固醇；保护肝脏，预防脂肪肝；使大脑思维敏捷，提高学习和工作效率等。

大豆蛋白

大豆类食物所含的高蛋白属于优质植物蛋白，是冠心病患者及血脂异常、胆固醇超标、肥胖者摄取蛋白质的最佳选择。若按蛋白质含量来算，1杯豆浆（350～400毫升）约相当于25克的牛腱子肉。

大豆异黄酮

大豆异黄酮被称为植物雌激素，具有抑制和协同的双向调节作用：当人体内雌激素水平偏低时，可提高体内雌激素水平；当人体内雌激素水平过高时，可降低体内雌激素水平。另外，大豆异黄酮还能缓解女性更年期综合征的部分症状。

膳食纤维

膳食纤维具有以下作用：调节血脂，降低胆固醇，可预防冠心病等病症；促进胃肠蠕动，减少食物在肠道中停留的时间，预防便秘；预防胆结石的形成；降低血糖含量；减少身体对热量的摄入及对食物中油脂的吸收；预防肠癌、乳腺癌等。

不饱和脂肪酸

机体的正常运行要依赖于两种脂肪酸：一种是饱和脂肪酸，一种是不饱和脂肪酸。相较于饱和脂肪酸而言，不饱和脂肪酸是一种较为健康的脂肪酸，具有降低血液黏度、降低胆固醇、改善血液微循环、保护脑血管、增强记忆力和思维能力的作用，可预防血脂异常、高血压、糖尿病、动脉粥样硬化、风湿病、心脑血管等疾病的发生。

矿物质

大豆类食物中含有钙、铁、镁、磷等多种矿物质，将其做成豆浆后，其中的钙能明显地预防骨质疏松症；铁能预防缺铁性贫血，令皮肤充盈血色；镁能缓解神经紧张、情绪不稳等；磷能维持牙齿和骨骼健康。

大豆皂素

大豆皂素是一种具有防癌、抗衰老、抗氧化作用的物质，可增强人体免疫力，并抑制癌细胞的成长。科学研究证实，大豆皂素对多种癌细胞都有抑制作用。

大豆低聚糖

大豆低聚糖是大豆类食物中所含可溶性碳水化合物的总称，具有通便洁肠、促进肠道内双歧杆菌增殖、降低血清胆固醇和保护肝脏的作用，所以常喝豆浆可以保持肠道生态健康。

❋ "五谷宜为养，失豆则不良"，饮食中缺少豆类，营养就不能达到平衡。

自制豆浆坊：天天"豆"你玩

好豆浆这样做出来

步骤1：选豆

想要磨出口味醇正的豆浆，选择优质豆类材料是最关键的一步。选豆时，应选择颗粒饱满、大小一致、无杂色、无霉烂、无虫蛀、无破皮的优质豆类材料。另外，最好选择非转基因豆，这种豆子的蛋白质含量超过42%，且富含多种营养，更适合制作豆浆（图①）。

❶千万别选霉烂的豆子哟！

步骤2：泡豆

用清水洗净豆子后才能制作豆浆。要先将豆子充分地浸泡，使豆质软化，然后经过粉碎、过滤及充分加热，以提高豆中营养的消化吸收率。一般情况下，干豆要用清水浸泡10~12小时，才能泡得比较充分。也可以在每天晚饭后把豆泡上，待第2天早上就可以用来打豆浆了（图②）。另外，选择能打干豆的豆浆机，更为方便。

❷选好的豆子最好浸泡一整夜哟！

步骤3：制浆

制作豆浆时，要将浸泡好的豆倒入豆浆机中，加入适量水，至上水位线和下水位线之间，再放上机头，接通电源，按下豆浆机的工作键，经15~20分钟，豆浆机即可自动制作好新鲜香浓的熟豆浆。如果喜欢喝口感细腻的豆浆，可用购买豆浆机时随机赠送的过滤网过滤后再饮用（图③、图④、图⑤）。

❸金属材质的豆浆机比塑料材质的豆浆机更有安全保障哟！

❹水不可添加太多，至上水位线和下水位线之间即可。

❺放入材料后，按下工作键，就等着喝豆浆吧！

步骤4：清洗

　　做好豆浆后，要将豆浆及时倒入容器，并立即清洗豆浆机，以防剩余豆浆和豆渣干硬在豆浆机的表面。清洗时，可用软布将豆浆机杯身、机头及刀片上的豆渣擦拭干净，然后用一个软毛刷子刷洗掉缝隙中的豆渣。但要记住，千万不能将机头浸泡在水中或用水直接冲淋机头的上半部分，否则易使电源线受潮短路，导致豆浆机无法正常使用（图⑥）。

❻制作好的豆浆要及时倒入容器，以便清洗豆浆机。

步骤5：冷藏

　　做好的豆浆最好一次喝完，喝剩下的豆浆要倒入密闭盛器中，放入冰箱冷藏，饮用时需煮沸。但是，放入冰箱冷藏的豆浆也应尽快喝完，以免存放时间过长，导致豆浆变质（图⑦）。

❼喝剩下的豆浆要密闭冷藏，饮用时需煮沸。

制作豆浆的注意事项

选干豆不如选湿豆

　　经过浸泡的豆子，由于表皮的脏物已经清除，因此可以大大提高豆中营养的消化吸收率。而且充分浸泡豆子，可使其中所含的微量黄曲霉素（豆腥味的来源）含量大大降低。

宜用清水做豆浆

　　直接用泡豆的水做出的豆浆，不仅有咸味、不鲜美，而且也不卫生，饮用后有损健康，还可能导致腹痛、腹泻、呕吐。所以，浸泡豆子后要倒掉黄色碱水，用清水将豆子清洗几遍，这样才能做出好豆浆，并保证卫生和健康。

豆浆煮开喝才健康

　　豆浆未煮开会对人体有害，因为其中含有的皂素、胰蛋白酶抑制物这两种有毒物质对胃肠道会产生刺激，从而引起中毒症状。所以，在豆浆煮沸后应继续加热3～5分钟，这样煮出来的豆浆才是安全和健康的。

豆浆里不宜放鸡蛋

　　鸡蛋虽好，但放在豆浆中却会妨碍人体吸收营养。因为鸡蛋中的黏液性蛋白易和豆浆中的胰蛋白酶结合，产生不易被人体吸收的物质，从而降低二者的营养价值。

来，我们聊聊豆浆机

选好豆浆机，做出好豆浆

购买场所

一般宜在当地选择具有较高商业信誉的大型商场或超市购买豆浆机，这样可以保证产品的质量，售后服务也会有保证。

安全系数

豆浆机要符合国家安全标准，必须带有安全认证标志等。挑选时还应检查豆浆机的电源插头、电线等是否有缺陷。

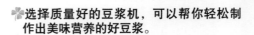
✿选择质量好的豆浆机，可以帮你轻松制作出美味营养的好豆浆。

容量

可根据家庭人口的多少选择豆浆机的容量。比如，1~2人适宜选择800~1000毫升的豆浆机；3~4人宜选择1000~1300毫升的豆浆机；4人以上宜选择1200~1500毫升的豆浆机等。

出浆速度

最好选择能打干豆的全自动豆浆机，不需要泡豆，且出浆速度较快，20分钟左右即可做出豆浆。如果不是很忙碌，也可以选择只能打泡豆的全自动豆浆机，这种豆浆机价格相对比较便宜，且刀片不易磨损。

刀片

好的豆浆机之所以能做出营养又好喝的豆浆，主要是因为有好的刀片。好的刀片应该具有一定的螺旋倾斜角度，旋转起来后不仅碎豆彻底，而且甩浆有力，可以将豆中的营养充分释放出来。

好豆浆标准

好豆浆应有股浓浓的豆香味，口感爽滑，凉凉时表面有一层油皮；豆渣的质地应均匀，如果不均匀且较粗，说明豆子的营养没能均匀地释放到浆液中去，这样做出来的豆浆不仅口感差，营养价值也会大打折扣。

豆浆机的使用技巧

◉在用豆浆机制作豆浆时，一定要记住安装拉法尔网，否则豆浆机在打浆过程中会有豆浆溅出，容易导致烫伤。

◎豆浆机的拉法尔网在打完豆浆后要及时清洗干净。

◎在拆卸豆浆机的拉法尔网时，一定要注意方法正确，以免发生意外。

◎要保证豆浆机的机头内不进水。

◎在取出或放入豆浆机的机头部分前，一定要先切断电源。

◎若豆浆机的电源线损坏，应到专业的豆浆机售后服务处购买专用电源线来更换。

◎购买豆浆机时随机附送的过滤杯是过滤豆浆用的，制作豆浆时一定要从杯体内取出来备用。

◎豆浆机的电热器、防溢电极和温度传感器要及时清洗干净。

◎使用豆浆机时，要使豆浆机与插座保持一定的距离，既要让插头处于可触及范围，又要远离易燃易爆物品，同时应保证电源插座接地线良好接地。

◎煮豆浆时，要将豆浆机放在孩子不容易接触到的地方，以防发生意外。

◎制作豆浆时，要先将豆子或其他材料加入杯体内，然后再加水至上、下水位线之间。

◎使用豆浆机时，要按照使用说明书来按压功能键，并选择相应的工作程序，否则制作出的豆浆可能无法满足口感等方面的要求。

◎在用豆浆机制作豆浆后，不要拔、插电源线插头并重新按键执行工作程序，否则可能会造成豆浆溢出或长鸣报警。

◎将做豆浆的材料放入豆浆机杯体内时，应注意尽量均匀平放在杯体底部。

◎如果在用豆浆机制作豆浆过程中停电，尤其是打浆后期至工作完成期间发生停电，就不要再按下功能键进行工作，否则容易造成加热器糊管，导致打浆时豆浆溅出或引起豆浆机长鸣报警。

◎制作好豆浆后，尤其是在制作好的全营养豆浆和绿豆豆浆冷却后，不要再二次加热、打浆，否则会造成糊管。

没有豆浆机，照样做豆浆 ◼

如果没有全自动豆浆机，准备一台家用搅拌机，同样可以做出香浓的豆浆。用家用搅拌机制作豆浆的步骤如下：

泡豆

选择黄豆、黑豆、青豆或绿豆、红豆等豆类材料。一般来说，黄豆、黑豆、青豆需浸泡10～12小时；绿豆、红豆等需要浸泡4～6小时。

打浆

浸泡好的豆子可以少量多次地放进搅拌机中，加少许清水搅打40秒左右，即停下休息1～2分钟，以免电机超负荷运转而损坏。另外，家用搅拌机一般都有滤网，汁和渣会自动分离，可直接将搅打出的豆浆倒入锅中。

煮浆

将生豆浆倒入锅内，不盖锅盖，大火烧开后转小火煮5～8分钟，至豆浆表面的泡沫完全消失、豆浆煮熟透时，才可饮用。

保存豆浆就这么简单

在家中自制豆浆时，最好即做即饮，如果制作的豆浆一次喝不完，也可以选择下面的方法进行保存。

隔天保存豆浆法

当剩下豆浆时，可将剩余的豆浆倒入干净的杯子中，放进冰箱保存。冬季可早晚加热饮用，夏季则只需加热一次。营养学研究表明，存放的豆浆加热后喝，不会对身体产生不利的影响，但豆浆中的营养相比新鲜豆浆会有所流失，所以还是即做即喝为好。

7天保存豆浆法

准备容器

准备一只耐热、密封性好的干净太空瓶。由于豆浆机制作出来的豆浆是沸腾的豆浆，要想保存它，就必须用耐热的器皿，同时还要避免细菌和氧气钻进器皿，因此器皿盖严之后必须保证不透气、不透水，而优质的太空瓶能够拧紧，密封性好，因此很适合用来保存豆浆。

杀菌处理

在豆浆快要制作完成时，要先将太空瓶用沸水烫一下，以起到杀菌作用。在制作豆浆程序完成之时，要马上倒入滚烫的豆浆，但不要倒得太满，要留下一定的空隙。

豆浆不宜用暖水瓶盛装，因为暖水瓶的内环境非常利于细菌繁殖，容易使豆浆很快变质。

加盖密封

把太空瓶的盖子松松地盖上，不要拧紧，停留大约十几秒钟后要再拧紧，这样可以避免热气因冷却收缩而使瓶子无法打开。

冷藏豆浆

等到豆浆自然冷却到室温之后，再把它放进冰箱里，可以在4℃下保存1个星期。饮用时把豆浆取出来，重新煮沸一下就可以喝了。

长时间保存豆浆的秘诀

◉容器杀菌：把容器用沸水烫一会儿，可以杀掉大部分细菌。

◉豆浆杀菌：豆浆一定要煮沸，沸腾的豆浆才没有活细菌。

◉密闭杀菌：把没有细菌的豆浆倒入杀过菌的容器内，再密闭起来。这样一来，里面的残存细菌继续被余热杀灭，加上密闭之后外面的细菌进不去，就可以较长时间地保存豆浆而不至于变质腐败了。

豆浆与牛奶，谁更"范儿"

作为日常营养饮品，豆浆的营养价值极高，其所含的大豆皂苷、异黄酮、卵磷脂等特殊保健因子完全可以和牛奶相媲美。至于养生保健价值，豆浆则更胜一筹。可以说，豆浆是"心脑血管保健液"，也是餐桌上的明星。二者的对比结果如下，看看谁更"范儿"？

⦿鲜豆浆中含有丰富的优质蛋白质，有"绿色牛乳"之称，其营养价值与牛奶相近，且豆浆中的蛋白为优质植物蛋白。通过喝热豆浆的方式不仅可以补充植物蛋白，还可以增强人体的抗病能力。此外，豆浆还富含钙、磷、铁等矿物质，其铁含量是牛奶的25倍。

⦿牛奶中含有乳糖，乳糖要在乳糖酶的作用下才能分解从而被人体吸收，但中国人多数体内缺乏乳糖酶，这也是很多人喝牛奶会腹泻的主要原因。相比之下，豆浆在这方面更有优势，因为它含的是寡糖，可以完全被人体吸收。

⦿牛奶是动物性食品，含有不太受欢迎的胆固醇和饱和脂肪酸。而制作豆浆的主要材料是大豆类食物，其所含脂肪属不饱和脂肪，它对于贫血患者的调养作用比牛奶要强。同时，豆浆中还含有丰富的大豆皂苷、异黄酮、卵磷脂等几十种对人体有益的物

"一杯鲜豆浆，天天保健康"，豆浆中的许多营养成分比牛奶更有优势，也更有利于吸收，养生保健价值更胜一筹。

质，具有降低人体胆固醇、预防高血压、冠心病、糖尿病等多种疾病的作用，以及增强免疫、延缓机体衰老的功能。豆类，尤其是黄豆的血糖指数很低，而牛奶很高，所以对于肥胖者和血糖高的人来说，选择食用豆浆更安全。

现如今，"一杯鲜豆浆，天天保健康"的生活观念已为越来越多的人所接受。专家认为，每天早上只需喝适量豆浆，再配以馒头或面包等主食，即可满足早餐的营养需要。

豆浆，会喝才健康

众所周知，喝豆浆有益于人体健康，但只有饮用优质豆浆，会喝豆浆，才能起到滋养身体、促进健康的作用。劣质豆浆不仅起不到保健作用，有时反而有害人体健康。所以，在日常生活中非常有必要了解和掌握一些有关饮用豆浆的基本常识。

辨识优质豆浆，要知3个字

净

喝豆浆前，要注意观察操作人员的身体是否健康；黄豆、水和器具是否干净；场所环境是否卫生，有无蚊、蝇、鼠等传染源；制浆流程有无卫生保障。

鲜

豆浆最好是现做现喝，在做好后2小时内喝完，夏季更应如此，否则容易变质；如果对于豆浆的新鲜度没有把握，最好不要喝。

浓

根据最新的豆浆机国家标准要求：一级香浓豆浆应具有浓度高、口感好、营养易吸收的特点，能够满足追求高品质享受的消费需求；劣质豆浆则显得稀淡，有的通过使用添加剂和面粉来增强浓度，但口感不好，营养含量也低。

喝豆浆的讲究

注意营养搭配

喝豆浆的同时可以吃些面包、饼干等淀粉类食物，如果再吃点儿蔬菜和水果，营养就更均衡了。这样进食，可使豆浆中的蛋白质在淀粉类食品的作用下充分地被人体所吸收。

切忌空腹喝豆浆

空腹喝豆浆时，其中的蛋白质大都会在人体内转化为热量而被消耗掉，不能充分起到补益作用。所以，喝豆浆时应吃些糕点、馒头等主食，以便充分补充营养。

豆浆要适量饮用

喝豆浆不可过量，否则易引起消化不良，出现腹胀、腹泻等不适症状。专家建议，每人每天喝250～300毫升豆浆为好。

哪些人不宜喝豆浆

喝着自己制作的豆浆，营养丰富又健康，但豆浆并非人人皆宜。下面这些人群就应对豆浆"忍痛割爱"：

◉喝豆浆后容易产气，因此腹胀、腹泻的人最好别喝豆浆。

◉肾功能不全的人最好不要喝豆浆。

◉豆浆性凉、味甘，脾胃虚寒的人要少喝或不喝。

◉急性胃炎、慢性浅表性胃炎患者不宜喝豆浆，以免刺激胃酸分泌过多从而加重病情，或者引起胃肠胀气。

◉豆浆中嘌呤含量较高，且豆类大多属于寒性食物，所以有乏力、体虚、精神疲倦等症状的虚寒体质者不适宜饮用豆浆。

◉病情严重的消化性溃疡患者应忌食黄豆、蚕豆及豆浆、豆腐丝、豆腐干等豆制品。因为豆类所含的低聚糖（如水苏糖和棉子糖）虽然不能被消化酶分解而消化吸收，但可被肠道细菌发酵，能分解产生一些小分子的气体，进而引起嗝气、腹胀、腹痛、肠鸣等症状。

◉长期高热的伤寒患者虽然应摄取高热量、高蛋白食物，但在其急性期和恢复期，为预防出现腹胀症状，也不宜饮用豆浆，以免产生胀气。

◉急性胰腺炎患者如处在病情发作期，可饮用富含高碳水化合物的清流质饮食，但忌饮刺激胃液和胰液分泌的豆浆等食物。

◉痛风患者在急性期要严禁食用含嘌呤多的食物，其中就包括豆浆等豆制品，即使在缓解期也要有节制地食用。

❁ **病情严重的消化性溃疡患者不可食用黄豆、蚕豆及豆浆等豆制品。**

别拿豆渣不当营养

在家庭中用豆浆机制作豆浆后，总会剩下数量不等的豆渣，有的人认为豆渣没什么营养，因而会毫不犹豫地扔掉。其实，豆渣营养丰富，用途广泛，可以做成各种各样的美食。

小豆渣，大营养

千万不要小看做豆浆剩下的各种豆渣，因为豆渣具有丰富的营养价值，大豆中较大一部分营养成分都残留在豆渣中。

研究表明，豆渣所含的膳食纤维中，非结构性不溶多糖占2.2%，半纤维素32.5%，纤维素20.2%，木质素0.37%，因而是十分理想的膳食纤维来源，可作为糖尿病患者及肥胖人士的保健食物。而且，豆渣中的膳食纤维如果添加在糕饼类食物中，可显著提高饼的柔软性和疏松性，防止变硬，延长其贮存期。

从豆渣中还可以提取出一种多糖，为白色、无臭、无味的粉末，具有保水、保形和分散作用，可用于制作点心、馅心、面类、面包等食品。因此，豆渣经干燥处理后，可代替一部分面粉加工生产面包、饼干、糕点等焙烤食品，而且食用时口感细嫩松软。比如，在牛肉馅饼、点心馅等方便食品中加入适量豆渣粉，就可改善口感和风味，提高其营养价值。

豆渣，今天你吃了吗

料理食材——风味独特

豆渣的用途广泛，可以做成馒头、窝头、豆渣饼、豆渣粥等主食，如果搭配豆浆一起吃，是很营养的早餐食品。此外，豆渣也可用来炒菜，蓬松干香，易消化，别有一番风味。但要注意，制作菜肴时必须保证豆渣全熟，否则可能会引起中毒。

保健食材——养生、食疗

豆渣富含膳食纤维，可吸附食物中的糖分，减少肠壁对葡萄糖的吸收，所以经常吃豆渣能预防糖尿病的发生。另外，豆渣中的食物纤维能吸附滞留于十二指肠内胆汁中的内源性胆固醇，阻止胆固醇的吸收，从而有效降低血浆和肝脏的胆固醇水平，可预防高血压、动脉粥样硬化、冠心病、脑卒中等病症。

美容食材——营养、瘦身

现代科学研究表明，豆渣的营养成分具有高粗蛋白、低脂肪、低热量、高膳食纤维的特点，吃豆渣后不仅有饱腹感，热量也比其他食物低。所以，豆渣很适合在减肥期间食用。食用豆渣食品，可解除饥饿感，抑制脂肪生成，使瘦身效果更显著。比如，用豆渣和燕麦煮成的豆渣燕麦粥，口感香滑，膳食纤维含量高，就是不错的减肥食品。

Part 2

五彩缤纷的豆浆家族

本章养生豆浆导读速查表

分类	名称	健康TIPS	页码
经典五谷豆浆	黄豆原味豆浆	具有抗氧化、补充体力及抗衰老的作用	第24页
	绿豆清凉豆浆	清热解暑，利水消肿，润喉止渴，明目降压	第25页
	黑豆营养豆浆	补充营养，延缓衰老	第26页
	红豆养颜豆浆	可净化血液，解除心脏疲劳，养颜、瘦身	第27页
	青豆开胃豆浆	可健脾、润燥、利水，还可保持血管弹性和预防脂肪肝	第28页
	豌豆润肠豆浆	豌豆富含膳食纤维，能润肠通。便常喝这款豆浆能促进大肠蠕动，保持大便通畅	第28页
	黄豆牛奶豆浆	提供充足的营养，能增强人体免疫力	第29页
	花生牛奶豆浆	具有增强记忆、延缓脑功能衰退和润肤、美白的作用	第30页
	燕麦豆浆	对降低胆固醇及预防高脂血症、动脉粥样硬化等症食疗效果良好	第31页
	荞麦薏米豆浆	祛湿，健脾，补充高温下的体力消耗，适合桑拿天饮用	第32页
	大米莲藕豆浆	具有益胃健脾、保护肝脏、养血补益、止泻的作用	第33页
	玉米纯豆浆	实现营养素互补，经常食用，可使皮肤光滑细腻	第34页
	玉米红豆豆浆	有利尿作用，对肾炎水肿及营养不良引起的水肿均有缓解作用	第35页
健康蔬果豆浆	生菜胡萝卜豆浆	清肝养胃，促进食欲，缓解神经衰弱，降低胆固醇	第36页
	苹果水蜜桃豆浆	润肺悦心、生津开胃，促进消化吸收	第37页
	雪梨猕猴桃豆浆	具有消渴止痰、润肺清心和抗衰老的作用	第37页
	草莓香蕉豆浆	对胃肠道、贫血症状均有一定的滋补、调理作用	第38页
	干果滋补豆浆	改善心肌营养，益体强身，延年益寿	第39页
	菠萝豆浆	具有缓解疲劳、增进食欲、健胃消食、消脂去腻的作用，适合平时吃肉食较多的人食用	第40页
	芦笋豆浆	芦笋营养丰富，含有丰富的膳食纤维，具有增进食欲、促进消化的作用这款豆浆可消渴生津，解热祛暑	第40页
	核桃花生豆浆	花生中的不饱和脂肪酸可降低胆固醇，有助于预防动脉硬化、高血压和冠心病这款豆浆可补气养血，美肤	第41页
	芹菜豆浆	芹菜可清热除烦，平肝利水，适合长期腹泻、慢性消化不良者饮用	第41页
芬芳花草豆浆	百合莲子甜豆浆	具有润肺燥、滋补强身、养心益血的作用	第42页
	玫瑰花豆浆	疏肝解郁，活血美肤，和血调经，很适合女性朋友饮用	第43页
	茉莉绿茶豆浆	疏肝解郁，理气化痰，安定情绪，改善焦虑不安状	第44页
	金银花豆浆	清热解毒，消肿止痛，可缓解感冒、牙周炎等疾病	第45页
	桂花甜豆浆	口味香甜，有浓郁的天然桂花香气，具有温中散寒、暖胃止痛的作用	第45页
	绿茶豆浆	美白养颜，长期饮用可排毒养颜，延缓衰老	第46页
	百合红豆豆浆	具有清热利尿的作用，可缓解肺热或肺燥咳嗽	第47页
	薄荷蜂蜜豆浆	疏风散热，提神醒脑，抗疲劳，可缓解感冒、偏头痛等症	第48页

豆浆原来也可以多姿多彩

自从有了豆浆机，我们每一天的幸福就可以从早晨那碗香浓的豆浆开始了。传统概念中的豆浆，材料只是单纯的黄豆，而今，豆浆的种类已经越来越丰富多彩了，五谷豆浆、蔬果豆浆、花草豆浆等各种形式，都会让你爱上喝豆浆。也许，这种家庭自制豆浆的乐趣你从未深刻体会和察觉，那就请从现在起，每天都享受豆浆带给你的幸福、香浓的生活吧。

粮豆巧搭，营养更佳

黄豆原味豆浆已经成了人们心目中的豆浆经典。其实，不少豆类、五谷相互搭配，均可制成符合饮食营养要求的各种风味豆浆。下面就介绍一些制作豆浆时常见的豆类与五谷间的搭配方法和作用。

◉**黄豆+黑豆**：延缓衰老，美容养颜，促进肠胃蠕动。

◉**黄豆+绿豆**：夏季清热解暑的极佳饮品。

◉**黄豆+大米**：补脾和胃，益气养阴。

◉**黄豆+小米**：老年人养生滋补的佳品。

◉**黄豆+玉米**：预防高血压、冠心病及血管硬化等。

◉**黄豆+红豆**：新妈妈催乳的滋补佳品。

◉**黄豆+花生**：有助宝宝成长发育。

蔬果美味，如痴如醉

在制作豆浆时适当加入蔬菜、水果，可以使豆浆增加新鲜口感并补充营养。下面介绍一些制作豆浆时经常添加的蔬果及其主要作用。

◉**芹菜**：预防高血压、动脉粥样硬化等症。

◉**芦笋**：提高免疫力，预防高血压等病症。

◉**黄瓜**：抗衰老，减肥强体，健脑安神等。

◉**南瓜**：润肺益气，止咳平喘，预防便秘等。

◉**胡萝卜**：益肝明目，增强免疫，降糖、降脂等。

◉**生菜**：清热生津，清肝利胆，养胃等。

◉**西瓜**：消暑解渴，利尿除烦等。

◉**苹果**：润肺除烦，养心益气，润肠排便，美容养颜等。

◉**梨**：清心润肺，祛痰止咳，降低血压，预防动脉粥样硬化等。

◉**桃**：补益气血，养阴生津，活血化瘀，润肠通便等。

◉**草莓**：润肺生津，清热凉血，滋补调理等。

◉**香蕉**：润肠通便，降血压，排毒养颜等。

◉**核桃**：增强脑功能，滋润肌肤等。

芬芳花草，别样风情

豆浆因花而香，花因豆浆而营养，二者结合，更添了别样的情调。下面介绍一些制作豆浆时经常添加的花草及其主要作用。

◉**玫瑰**：理气和血，疏肝解郁，减肥润肤等。

◉**茉莉**：安定情绪，调节内分泌，润泽肤色等。

◉**菊花**：清热去火，改善睡眠，润泽肌肤等。

◉**桂花**：化痰止咳，排毒纤体等。

◉**百合**：营养滋补，养心安神，润肺止咳等。

◉**薄荷**：预防感冒发热、头痛、咽喉肿痛等。

黄豆原味豆浆

乳白如玉、甘甜香浓的黄豆浆，可否唤起你儿时的记忆?

黄豆 补虚强身，清热化痰，有抗氧化作用

+

白糖 有润肺生津、补中缓急的作用

↓

具有抗氧化、补充体力及抗衰老的作用

♀材料 黄豆100克，白糖适量。

♀做法 1.将黄豆放入碗中，加适量水泡至发软，捞出洗净。

2.将泡好的黄豆放入全自动豆浆机中，加入适量水煮成豆浆。

3.将豆浆过滤，加入适量白糖调味即可。

豆博士料理

泡黄豆时，可先用清水洗干净黄豆，再将凉开水与黄豆以1∶10的比例来泡，一般泡一晚上即可。

边喝边聊

记忆里，小巷深处叫卖豆浆的声音依然萦绕耳际。"来碗豆浆，半斤油条"，我们早已熟悉的生活一如既往，不曾改变。不曾改变的其实是传统，是祖祖辈辈一脉相承的文化符号，是缘起豆浆的美好意蕴，那就让我们继续这种传承、这份美好吧!

豆博士叮咛

挑选黄豆时，应以颗粒饱满且整齐均匀、无破瓣、无虫害、无霉变者为佳。

绿豆清凉豆浆

夏日餐桌上席卷而来的绿色风暴，未饮已觉扑面清凉。

绿豆 性凉，可以清热解毒，祛除上火症状

+

白糖 可润肺生津，缓解津液不足、口干渴症状

↓

清热解暑，利水消肿，润喉止渴，明目降压

⚪材料 绿豆100克，白糖适量。

⚪做法 1.将绿豆加适量水泡至发软，捞出后洗净。

2.将泡好的绿豆放入全自动豆浆机中，加适量水煮成豆浆。

3.将豆浆过滤，加入适量白糖调味即可。

豆博士料理

如果着急喝豆浆，又没有太长时间去浸泡豆子，则可以将绿豆洗净，用沸水浸泡10分钟，冷却后放入冰箱冷冻1小时，取出后就可直接做成豆浆饮用了。

边喝边聊 ☕ ● ● ● ● ● ●

豆浆是咱中国人发明的，相传为西汉时淮南王刘安所创。他每天用泡好的黄豆磨豆浆给患病的母亲喝，母亲的病很快就好了，而豆浆的做法也从此在民间流传开来。时至今日，豆浆的种类已异彩纷呈，您现在饮用的绿豆豆浆就是夏日消暑的绝佳饮品。

☺ 豆博士叮咛

绿豆性凉、味甘，脾胃虚弱者不宜食用，当然也不宜多饮绿豆制作的豆浆。

黑豆营养豆浆

纯美的黑豆浆，如酥油般嫩滑，营养价值数不尽！

黑豆 富含锌、铜等矿物质，能延缓人体衰老，延年益寿

＋

白糖 有和中益肺、滋阴的作用

↓

补充营养，延缓衰老

○**材料** 黑豆100克，白糖适量。

○**做法** 1.将黑豆加水泡软，捞出洗净。

2.将泡好的黑豆放入全自动豆浆机中，加适量水煮成豆浆。

3.将豆浆过滤，加入适量白糖调味即可。

豆博士料理

黑豆用水浸泡时会掉色，水色会加深，这是正常的现象，无需担心，只要在黑豆泡软后清洗干净即可。

🙂豆博士叮咛

黑豆价格较贵，而黑芸豆价格较为便宜，所以购买时要学会鉴别黑豆和黑芸豆：黑豆内仁为黄色或青色，黑芸豆内仁则为白色。

边喝边聊 ☕ ••••••••••

现代人工作压力大，劳累一天，体虚乏力在所难免。黑豆不仅营养丰富，还能补肾，早晨来一碗黑豆豆浆，再搭配几个黑豆小馒头，那营养真不是"盖"的！若是年轻的女孩经常这么吃早点，还会发现自己比以前更漂亮了。

红豆养颜豆浆

有养心血的红豆在，总要多些浪漫的情调，女孩子一定更喜欢。

材料 红豆100克，白糖适量。

做法 1.将红豆加适量水泡至发软，捞出洗净。

2.将泡好的红豆放入全自动豆浆机中，加适量水煮成豆浆。

3.将豆浆过滤，加入适量白糖调味即可。

豆博士料理

红豆经长时间浸泡会褪色，用来煮豆浆时颜色看起来会更红一些，不过也不用担心会影响食用效果。

豆博士叮咛

在饮用这款豆浆时，如果吃些咸味较重的食物，就会削弱其利尿的作用。

红豆 有生津益血和利尿消肿的作用

+

白糖 性平、味甘，能和中润肺

↓

可净化血液，解除心脏疲劳、养颜、瘦身

边喝边聊

女孩们要注意：做豆浆前，一定要把浸泡好的红豆留出一小撮儿。干什么用？做面膜！先把红豆煮烂，再用搅拌机打成泥，冷却后抹在脸上，敷15分钟左右后用温水洗净。经常这样做，可以让油光光的脸从此"改头换面"，焕然一新。

青豆开胃豆浆

滋味隽永，清香飘漾，单是那满眼绿意，已让你欲罢不能！

材料 青豆80克，白糖适量。

做法 1.将青豆用清水泡软，洗净。

2.将泡好的青豆放入全自动豆浆机中，加适量水煮成豆浆。

3.将豆浆过滤，加入适量白糖调味即可。

豆博士料理

在挑选青豆时，宜选个大、颜色鲜艳的；青豆浸泡后不会掉色；青豆里面的芽瓣应是黄色的。

健康TIPS

可健脾、润燥、利水，还可保持血管弹性和预防脂肪肝。

豌豆润肠豆浆

清润淡绿，煞是好看！每天来上几口，体内毒素全溜走。

材料 豌豆80克，白糖适量。

做法 1.将豌豆用清水泡软后洗净。

2.将泡软的豌豆放入全自动豆浆机中，加适量水煮成豆浆。

3.将豆浆过滤，加入适量白糖调味即可。

豆博士叮咛

豌豆做成豆浆是最好、最恰当的食用方法，因为将干豌豆炒熟后食用会影响消化。但需要注意的是，脾胃不好的人不宜过量食用干豌豆。

健康TIPS

豌豆富含膳食纤维，能润肠通便。常喝这款豆浆能促进大肠蠕动，保持大便通畅。

黄豆牛奶豆浆

红花还得绿叶配，牛奶这个配角真是太"给力"了！

材料 黄豆100克，牛奶200毫升，白糖适量。

做法 1.将黄豆用清水浸泡至发软后洗净。

2.把泡好的黄豆倒入全自动豆浆机中，加适量水煮成豆浆。

3.加入白糖调味，待豆浆晾至温热时，倒入牛奶搅拌均匀即可。

豆博士料理

一定要注意，如果夏季温度过高，浸泡黄豆时宜放入冰箱冷藏，以免浸泡黄豆的水滋生细菌。

豆博士叮咛

胆固醇偏高者不宜饮用纯牛奶，可换成等量的脱脂牛奶做成豆浆后再饮用。

边喝边聊

"我知道你和我就像是豆浆油条，要一起吃下去味道才会是最好"，爱唱歌的你也一定常把豆浆加油条当作早点吧！不过，油条毕竟为油炸之物，热量高，油脂多，不宜天天吃，还是舍点儿口福吧。要知道，没了健康，"神马都是浮云"。

黄豆 含有高质量的蛋白质，还含有多种维生素及钙、磷、铁等矿物质

+

牛奶 富含钙和维生素A，但维生素E、维生素K含量较少，并含少量胆固醇

↓

提供充足的营养，能增强人体免疫力

花生牛奶豆浆

真正纯天然的美容方，怎会只是营养那么简单！

花生 能增强记忆力，抗老化，滋润肌肤

+

牛奶 可使皮肤光滑润泽，具有洁肤、柔肤和美白的作用

↓

具有增强记忆、延缓脑功能衰退和润肤、美白的作用

🥄**材料** 黄豆70克，牛奶200毫升，花生20克，白糖适量。

🥄**做法** 1.将黄豆用清水浸泡至发软，洗净；花生挑净杂质，洗净。

2.将花生和泡好的黄豆一同倒入全自动豆浆机中，加适量水煮成豆浆。

3.加白糖调味，待豆浆稍凉，倒入牛奶搅拌均匀即可。

豆博士料理

需要特别指出的是，在豆浆还很热的时候不宜加入牛奶，否则会破坏牛奶的营养。

😊**豆博士叮咛**

肠胃不适者和肾病患者都不宜大量饮用花生牛奶豆浆，否则易引起不适。

边喝边聊 ☕ ●●●●●●●

如果少了豆浆这个主角，你喝到的将是"牛奶花生露"，虽然也很营养，毕竟美中不足。豆浆则很好地弥补了二者中营养不足的部分，而且还平添了别样风味。如果再有一块燕麦面包相配，一份近乎完美的早点就呈现出来了。

燕麦豆浆

香气四溢，还能降脂，这感觉……如何形容？

材料 黄豆50克，燕麦20克，绿豆15克，白糖少量。

做法 1.黄豆、绿豆浸泡至软，洗净。
2.将泡好的黄豆、绿豆和燕麦一同放入全自动豆浆机中，加入适量水煮成豆浆，过滤后加入白糖即可。

豆博士料理

如果在制作豆浆的材料中加入黑豆，还能起到补虚的作用，对体质虚弱的高脂血症患者尤为有益。

豆博士叮咛

燕麦中富含膳食纤维，脾胃功能差者宜少食，也宜少饮这款豆浆。

边喝边聊

2009年，中国疾病预防控制中心完成了国内第1次大样本的试验，结果表明，中老年女性高脂血症患者每天食用燕麦对身体大有益处。很多专家也建议那些备受高血脂困扰的人们，每天喝一碗燕麦粥或燕麦豆浆，可以有效降低体内胆固醇。

黄豆 富含大豆蛋白和固醇类物质，可明显改善和降低血脂

+

燕麦 可降低人体中的胆固醇，对心脑血管病有一定的预防作用

对降低胆固醇及预防高脂血症、动脉粥样硬化等症食疗效果良好

荞麦薏米豆浆

湿热的天气下，如何保持体力？答案就在这里。

薏米 有健脾利水、利湿除痹、清利湿热等作用

+

荞麦 性味甘凉，能健胃，消积，止汗

↓

祛湿、健脾、补充高温下的体力消耗、适合桑拿天饮用

♀材料 黄豆50克，薏米25克，荞麦15克。

♀做法 1.将黄豆用清水浸泡至软，洗净；薏米、荞麦分别淘洗干净，用清水浸泡2小时。

2.将黄豆、薏米和荞麦一同倒入全自动豆浆机中，加入适量水煮成豆浆即可。

豆博士料理

制作这款豆浆时，黄豆与薏米的比例最好为2：1，这样更利于营养吸收。

边喝边聊

荞麦和薏米既平补又清补，最适于体质虚弱者。而且，对于追求骨感之美的女孩来说，两者又都是难得的"知己"。比如，每天泡一壶荞麦茶当水喝，在缕缕麦香中便能令你静悄悄地瘦。若是用薏米和荞麦泡水煮粥，降脂瘦身效果也很显著。

😊 豆博士叮咛

脾胃虚寒、消化功能不佳、经常腹泻的人都不宜饮用这款豆浆。

大米莲藕豆浆

清香无限，让你保持FIT（健康）状态的同时，还对它"藕断丝连"！

材料 黄豆、大米、莲藕各40克，绿豆25克。

做法 1.将黄豆用清水浸泡至软后洗净；绿豆淘洗干净，用清水浸泡4～6小时；大米淘洗干净；莲藕去皮，洗净，切丁。
2.将泡好的黄豆和大米、绿豆、莲藕丁一同倒入全自动豆浆机中，加适量水煮成豆浆即可。

豆博士料理

莲藕切片后放入刚烧开的水中略煮片刻，捞出后放在清水中冲洗，可使其不变色。

边喝边聊

"水陆草木之花……予独爱莲……"，莲藕是真正的宝贝，但放在豆浆里，只闻其香，未见其影，显然还没过足瘾。其实，莲藕的食法相当多，你可以生着吃、烹着吃、捣汁喝，还可以晒干磨粉煮粥喝。只要你愿意，就能变出无数的花样来。

豆博士叮咛

莲藕要挑选外皮呈黄褐色、长而粗壮、有一股自然清香且两头不通气的。这样的莲藕，其里面比较干净。

大米 补中益气，养阴润燥，和五脏，通血脉

+

莲藕 能补心益肾，具有滋阴养血的作用，可补五脏之虚

具有益胃健脾、保护肝脏、养血补益、止泻的作用

玉米纯豆浆

粗粮给你最精细的呵护！口感好，还易吸收，真正的"粗中有细"。

黄豆 含有人体所需的8种必需氨基酸，尤以赖氨酸、色氨酸、烟酸含量最为丰富

＋

玉米 富含维生素C等营养物质，但赖氨酸、色氨酸及烟酸含量少

↓

实现营养素互补，经常食用，可使皮肤光滑细腻、娇嫩可人

材料 黄豆30克，玉米粒60克。

做法 1.将黄豆用清水浸泡至软后洗净；玉米粒淘洗干净，用清水浸泡至软。
2.将玉米粒和泡好的黄豆一同倒入全自动豆浆机中，加适量水煮成豆浆即可。

豆博士料理

浸泡玉米粒和黄豆时，比例以2：1为宜，这样煮出的豆浆不但口感好，营养也易吸收。

边喝边聊

家有儿女，就有操不完的心！妈妈对儿女的心意就藏在这碗豆浆里，若再搭配两个玉米面饼或小馒头，孩子早上的营养也就够了。如果忘记了泡豆，也可以直接用搅拌机把玉米粒打成玉米汁，加点儿蜂蜜给孩子喝，也有增强记忆力的效果。

豆博士叮咛

饮用这款豆浆前后，不宜服用抗生素类药物，否则会影响药效的发挥。

玉米红豆豆浆

色浓香更浓，美味、营养尽释放！

玉米 有利尿止血、清热通淋的作用，对于肾炎、水肿、尿道炎等有食疗作用

+

红豆 可以通利水道，健脾止泻，利水消肿

↓

有利尿作用，对肾炎水肿及营养不良引起的水肿均有缓解作用

材料 黄豆25克，玉米渣50克，红豆15克。

做法 1.黄豆用清水浸泡至软后洗净；红豆淘洗干净，用清水浸泡至软；玉米渣淘洗干净，用清水浸泡2小时。

2.把浸泡好的黄豆、玉米渣和红豆倒入全自动豆浆机中，加适量水煮至豆浆做好。

豆博士料理

红豆的利水作用较强，食用过多易引起腹泻，所以制作这款豆浆时，不宜放入过多的红豆。

> **😊 豆博士叮咛**
>
> 红豆有健脾的作用，因此脾胃虚弱者可以经常饮用红豆做的豆浆。但平时小便频数者应尽量少喝或不喝这款豆浆。

边喝边聊 ☕ ●●●●●●●

生活有时就像煮这样一碗豆浆，简简单单、平平常常又富有营养。我们需要做的只是用心去准备，准备各种能让它丰富多彩、有滋有味的材料，然后停下来，静静地等待水到渠成的那一瞬，才能真正体会出它的醇香与美味……

生菜胡萝卜豆浆

原汁原味的天然气息！不是蔬菜汁，胜似蔬菜汁。

生菜 清热安神、清肝利胆、养胃，女性常食可保持苗条身材

+

胡萝卜 有利膈宽肠、健脾益胃和降糖降脂的作用，适宜营养不良、食欲不振者食用

↓

清肝养胃，促进食欲，缓解神经衰弱，降低胆固醇

材料 黄豆100克，生菜叶、胡萝卜各适量。

做法 1.将黄豆加水泡至软，捞出洗净；生菜叶洗净后切成细条；胡萝卜洗净，切丁。

2.将泡好的黄豆、生菜叶条、胡萝卜丁一同放入全自动豆浆机中，加适量水煮成豆浆即可。

豆博士料理

胡萝卜每部分的营养是不同的，制作豆浆时宜选择尾部，这里含有较多的淀粉酶和芥子油类物质，可帮助消化，增进食欲。

豆博士叮咛

挑选胡萝卜时，应尽量挑选颜色鲜艳、摸起来质感坚硬的胡萝卜。

边喝边聊

在日本，用豆浆做成化妆水来美白和润滑肌肤，是很多女性的美肌秘诀。其实，做豆浆的很多食材都有很好的美容作用，就像这款豆浆中的生菜、胡萝卜一样。所以，喝不了的蔬果豆浆，不妨就顺便把它抹在脸上，养成好习惯，皮肤自然白。

苹果水蜜桃豆浆

"跃"人眼帘，"悦"人心肺！

♀材料 黄豆100克，水蜜桃1/2个，苹果1/2个，白糖适量。

♀做法 1.将黄豆加水泡至软，捞出洗净；苹果、水蜜桃分别去皮，切成小块。
2.将苹果块、水蜜桃块和泡好的黄豆一同放入全自动豆浆机，加适量水煮成豆浆。
3.将豆浆过滤后加入白糖调味即可。

😊豆博士叮咛
苹果中含有丰富的果糖，正常人食用后血糖会明显升高，所以糖尿病患者不宜多喝这款豆浆。

健康TIPS
润肺悦心、生津开胃，促进消化吸收。

雪梨猕猴桃豆浆

碧油油的色彩，甜滋滋的美味，此中诱惑，谁能抵挡？

♀材料 黄豆50克，雪梨、猕猴桃各1个，白糖适量。

♀做法 1.将黄豆加水泡至软，捞出洗净；雪梨去皮、去核切块；猕猴桃去皮切块。
2.将做法1中的材料放入豆浆机中，加入适量水煮成豆浆，过滤后加入白糖调味即可。

健康TIPS
具有消渴止痰、润肺清心和抗衰老的作用。

😊豆博士叮咛
饮用这款豆浆后不宜马上吃乳制品，因为猕猴桃中的维生素C易与乳制品中的蛋白质凝结成块，影响消化吸收，也易使人出现腹痛、腹泻等症状。

草莓香蕉豆浆

草莓与香蕉的完美交融，像一杯酒，像一首老歌……

草莓 具有润肺生津、清热凉血、健脾解酒等作用

+

香蕉 可生津止渴、清热润肠、促进肠胃蠕动

↓

对胃肠道、贫血症状均有一定的滋补、调理作用

♦材料 黄豆100克，草莓2颗，香蕉1/2根，白糖适量。

♦做法 1.将黄豆加水泡软，捞出洗净；草莓去蒂、洗净；香蕉去皮后切成小块。

2.将做法1中的材料放入全自动豆浆机中，加入适量水煮成豆浆，加入白糖调味即可。

豆博士料理

用淡盐水浸泡草莓10分钟，再用清水冲洗，便可洗净草莓。

豆博士叮咛

香蕉中含有大量的钾元素，会加重肾病症状，所以肾炎患者应尽量少喝或不喝这款豆浆。

边喝边聊

顺便问一下，做豆浆时，你是不是把香蕉皮顺手扔了？下次不要这样了，香蕉皮有很多鲜为人知的作用。你可以用它做面膜，贴在面部10分钟后洗净，能使皮肤美白光滑；也可以用它擦皮鞋、擦沙发；还可以用它来擦手，以缓解皮肤皲裂。

干果滋补豆浆

浓香由唇至胃，滋养精细入微，从内到外"喝"出健康……

◇ **材料** 黄豆50克，腰果2克，莲子、栗子、薏米、冰糖各适量。

◇ **做法** 1.将黄豆、莲子、薏米分别加水泡至软，捞出洗净；腰果洗净，栗子去皮洗净，均泡软；冰糖捣碎。

2.将泡好的黄豆、腰果、莲子、栗子及薏米一同放入全自动豆浆机中，再加入适量清水煮成豆浆，将豆浆过滤，加入适量冰糖调味即可。

豆博士料理

清洗腰果时，可将其放在水龙头下冲洗，以手轻轻搓洗数次，去除其杂质，然后再用水浸泡4～5小时即可。

😊 豆博士叮咛

这款豆浆特别适合经常过度操劳、大量消耗身体能量的男性食用。

边喝边聊 ☕

忍不住又想介绍一款"豆浆饭"，因为这些干果太诱人了！那就您喝着，我说着：取糯米100克，黄豆浆150毫升，腰果、莲子、栗子、薏米、冰糖各适量，如做豆浆时的步骤一样处理好，再一同倒入电饭锅中，加适量水蒸成米饭即可。

腰果 可补脑养血，对保护血管、预防心血管疾病大有益处

+

莲子 具有补脾益肺、强心益肾的作用

↓

改善心肌营养，益体强身，延年益寿

菠萝豆浆

菠萝菠萝蜜，一心一意除"油腻"……

材料 黄豆60克，菠萝肉35克，盐少许。

做法 1.将黄豆用清水浸泡至软后洗净；菠萝肉切小块，用淡盐水浸泡30分钟。
2.将泡好的黄豆、菠萝块一同倒入全自动豆浆机中，加入适量水煮成豆浆即可。

豆博士料理

　　菠萝果肉中的菠萝酶对口腔黏膜有刺激作用，因此一定要在清洗后再食用菠萝。清洗时，要将其放在冷盐水中浸泡。经过充分浸泡后的菠萝才可食用。

健康TIPS

　　具有缓解疲劳、增进食欲、健胃消食、消脂去腻的作用，适合平时吃肉食较多的人食用。

芦笋豆浆

葱绿的芦笋，想想就有食欲，做成豆浆岂不更妙？

材料 黄豆50克，芦笋25克。

做法 1.将黄豆加水泡软后捞出洗净；芦笋洗净，切成小段，汆烫后捞出沥干。
2.将泡好的黄豆、芦笋段一同放入全自动豆浆机中，加适量水煮成豆浆即可。

豆博士料理

　　芦笋宜挑选笔直粗壮的，以色泽浓绿、穗尖紧密的为佳品。在购买芦笋时，可在芦笋根部轻轻掐一下，如果有印痕，就说明此芦笋比较新鲜。

健康TIPS

　　芦笋营养丰富，含有丰富的膳食纤维，具有增进食欲、促进消化的作用。这款豆浆可消渴生津，解热祛暑。

核桃花生豆浆

气香而味淡，平实而滋补，营养之外，还是营养……

材料 黄豆50克，大米25克，花生15克，核桃仁适量。

做法 1.黄豆泡软后捞出洗净；大米淘洗干净。

2.将泡好的黄豆、大米、花生、核桃仁一同放入全自动豆浆机中，加入适量水煮成豆浆即可。

豆博士料理

制作这款豆浆时，最好别放太多的核桃仁，因为核桃仁所含的脂肪较多，会产生很高的热量，如果不能被人体充分吸收，就会转化为胆固醇储存起来。

健康TIPS

花生中的不饱和脂肪酸可降低胆固醇，有助于预防动脉硬化、高血压和冠心病。这款豆浆可补气养血，美肤。

芹菜豆浆

芹菜与黄豆连手，让肠胃再接受一次彻底的素食洗礼！

材料 黄豆60克，芹菜35克。

做法 1.将黄豆用清水浸泡至软后洗净备用；芹菜洗净后切小粒。

2.将泡好的黄豆和芹菜粒一起放入全自动豆浆机中，加入适量清水做成豆浆即可。

豆博士叮咛

有过敏体质者宜慎食芹菜。此外，由于芹菜的钙、磷含量较高，因此具有一定的镇静和保护血管的作用。

健康TIPS

芹菜可清热除烦，平肝利水，适合长期腹泻、慢性消化不良者饮用。

芬芳花草豆浆

百合莲子甜豆浆

失眠之后的安眠，见证一碗豆浆的神奇魔力。

百合 具有养心安神、润肺止咳的作用，对病后虚弱者尤为有益

+

莲子 常见的滋补之品，具有很好的滋补作用，可养心宁神

↓

具有润肺燥、滋补强身、养心益血的作用

材料 黄豆60克，百合、莲子各5克，冰糖适量。

做法 1.将黄豆、百合、莲子分别加水泡至软后捞出，洗净。

2.将泡好的黄豆、百合、莲子一同放入全自动豆浆机中，加适量水煮成豆浆。

3.将豆浆过滤，加入冰糖调味即可。

豆博士料理

制作这款豆浆时，最好选用新鲜的百合。鲜百合更加甘甜味美，用于滋补和食疗时效果最佳。

边喝边聊

加了冰糖的豆浆，其实并不"冰爽"。广西有一种"冰泉豆浆"久负盛名，饮誉中外，那才真叫一个"冰爽"。冰泉为一口古井，其水清洌甘冷，清澈如镜，用其做出的豆浆也如脂似乳，宛若琼浆，醇浓香甜。有机会你一定要品尝一下。

😊 **豆博士叮咛**

百合虽能补阴，润燥清热，但多食也易伤肺气，所以喝这款豆浆时宜少饮。

玫瑰花豆浆

清淡的玫瑰花香，浓香的美味豆浆，都是女人的最爱！

玫瑰花 芳香行散，具有疏肝解郁、清热祛火、活血美肤的作用

+

黄豆 营养丰富，可明显改善和降低血脂

↓

疏肝解郁，活血美肤，清热祛火，和血调经，非常适合女性朋友饮用

♦材料 黄豆100克，玫瑰花10朵，白糖适量。

♦做法 1.将黄豆加水泡至发软后捞出，洗净；玫瑰花洗净。

2.将泡好的黄豆、玫瑰花一同放入全自动豆浆机中，加入适量水后煮成豆浆。

3.将豆浆过滤，加入白糖调味即可。

豆博士料理

制作这款豆浆时，若用玫瑰花干品，用量需减半。

边喝边聊 ●●●●●●●

玫瑰是自然界里最懂女人、也最像女人的花，所以作为女人，你一定要懂得与玫瑰结缘。其实，玫瑰之妙就妙在行气与活血，若有月经不调或痛经症状，你要记得：用玫瑰6克与益母草30克一同水煎，分3次服用，很快便能"风调雨顺"。

☺豆博士叮咛

玫瑰花豆浆虽然清香幽雅，但因其有收敛作用，所以便秘者不宜过多饮用此豆浆。

茉莉绿茶豆浆

豆浆中飘出香气袭人的茶滋味，还有什么坏心情能够打扰你！

茉莉 性温、味甘，具有理气开郁、清热解表、利湿的作用

+

绿茶 能排出毒素，具有美白养颜的作用

↓

疏肝解郁，理气化痰，安定情绪，改善焦虑不安症状

♀材料 黄豆100克，茉莉花、绿茶各适量，白糖少许。

♀做法 1.将黄豆加水泡软，捞出洗净；茉莉花、绿茶分别加热水浸泡后取汁。

2.将泡好的黄豆放入全自动豆浆机中，加入适量水及茶汁煮成豆浆。

3.将豆浆过滤，加入白糖调味即可。

豆博士料理

若想喝到香气怡人的豆浆，最好采集未完全开放的茉莉花，经脱水处理后制成茉莉花干品，再用来制作这款豆浆。

豆博士叮咛

茉莉花辛香偏温，火热内盛，所以燥结便秘者应少喝这款豆浆。

边喝边聊

"好一朵美丽的茉莉花，芬芳美丽满枝丫，又香又白人人夸，让我来将它摘下……"，摘下做什么？做菜！《饮馔服食笺》里就曾说过："茉莉花嫩叶采摘洗净，同豆腐熬食，绝品"，若在做菜时撒上少许，观之美，闻之香，可解胸中沉郁之气。

金银花豆浆

是花？是药？——是豆浆！新鲜的喝法健康又营养，你也来试试！

材料 黄豆80克，金银花10克，冰糖适量。

做法 1.黄豆浸泡至软，洗净；金银花洗净。

2.将泡好的黄豆和金银花一同倒入全自动豆浆机中，加适量水煮成豆浆。

3.将豆浆过滤，加入冰糖调味即可。

豆博士叮咛
由于金银花性寒，所以脾胃虚寒者及有经常性腹痛、腹泻、腹部发凉、手脚发凉等症状者不宜饮用这款豆浆。此外，普通人饮用这款豆浆时也应适量。

健康TIPS
清热解毒，消肿止痛，可缓解上呼吸道感染、流行性感冒、扁桃体炎、牙周炎等疾病。

桂花甜豆浆

"亭亭岩下桂，岁晚独芬芳"，初秋时节的桂花豆浆暖胃又暖心。

材料 黄豆100克，桂花、白糖各适量。

做法 1.将黄豆加适量水泡软后，捞出冲净；桂花洗净。

2.将泡好的黄豆、桂花一同放入全自动豆浆机中，加适量水煮成豆浆。

3.将豆浆过滤，加入白糖调味即可。

豆博士叮咛
由于桂花性温、味辛，因此胃脘灼热疼痛、口干、小便色黄、大便黏腻等脾胃湿热者不适合饮用这款豆浆。

健康TIPS
口味香甜，有浓郁的桂花香，可温中散寒、暖胃止痛。

绿茶豆浆

"春风解恼诗人鼻，非叶非花自是香"，闲暇时饮上几口，总有一种意境在里面。

黄豆 可促进肌肤新陈代谢，排出毒素，令肌肤常葆青春

+

绿茶 含有维生素C及类黄酮，其中，类黄酮能增强维生素C的抗氧化作用，还可维持皮肤美白

↓

美白养颜，长期饮用可排毒养颜，延缓衰老

✿材料 黄豆50克，绿茶25克。

✿做法 1.将黄豆用清水浸泡至软，洗净；绿茶泡开。

2.将泡好的黄豆和绿茶一同放入全自动豆浆机中，加入适量清水煮成豆浆即可。

豆博士料理

泡绿茶时，要先洗净壶具，再取绿茶入壶，用100℃初开沸水冲泡至满，大约3～5分钟后即可用来制作豆浆。

豆博士叮咛

服用硫酸亚铁等含有补血剂的药物时，不宜饮用这款豆浆，否则易阻止人体对补血剂的吸收。

边喝边聊 ☕ ••••••••

曾几何时，我们的生活中少了豆浆与茶的身影，多了咖啡与甜饮料的印迹，物换星移后，健康收益也越来越少了。其实，无论豆浆还是茶，抑或二者相融，不都是现代生活的风情享受与健康需要吗？所以，珍爱民族的健康饮食传统，本身就是珍爱生命。

百合红豆豆浆

干燥季节里清凉的"风"！吮上几口，嗓子便会清爽无比。

材料 红豆80克，鲜百合30克。

做法 1.红豆淘洗干净，用清水浸泡至软；鲜百合择洗干净，掰成小瓣。

2.将泡好的红豆和鲜百合瓣一同倒入全自动豆浆机中，加适量水后煮成豆浆即可。

豆博士料理

将泡好的红豆放入锅中加水煮沸，捞出过凉，这样做不仅能减少豆腥味，还可使做出的豆浆又浓又香。

豆博士叮咛

由于红豆利水作用较强，所以平时尿频、尿多者不宜饮用这款豆浆。

边喝边聊

红豆煮熟后有着不同寻常的甜味，可以好吃到让你停不下嘴！下面就教你做一款"蜜红豆"：材料就是做这款豆浆时过滤出的红豆沙，可将其直接拌入少量白糖食用，香甜适口；也可将其与白糖拌匀，再加入开水和成红豆沙泥，同样美不胜收。

百合 具有润燥清热的作用，能够缓解肺燥或肺热咳嗽

＋

红豆 具有良好的利尿作用，能解毒、解酒、消肿

↓

具有清热利尿的作用，可缓解肺热或肺燥咳嗽

薄荷蜂蜜豆浆

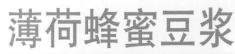

让薄荷与蜂蜜搭档，这是谁的主意？甜丝丝的清凉感觉，棒极了！

薄荷 性凉、味辛，疏风散热，清利头目，利咽、理气

+

蜂蜜 性平、味甘，能迅速补充体力，消除疲劳，增强对疾病的抵抗力

疏风散热，提神醒脑，抗疲劳，可缓解感冒、偏头痛等症状

♀材料 黄豆80克，新鲜薄荷、蜂蜜各适量。

♀做法 1.将黄豆用清水浸泡至软后洗净；新鲜薄荷洗净，切碎末。

2.将泡好的黄豆和薄荷末一同倒入全自动豆浆机中，加适量水后煮成豆浆。

3.将豆浆过滤后晾温，加蜂蜜调味即可。

豆博士料理

制作这款豆浆时，若用薄荷干品，应先用温水浸泡3~4个小时。

边喝边聊

在花的语言中，薄荷代表着"愿与你重逢"，它平淡无奇又沁人心脾，清爽自每个毛孔渗进肌肤，很幸福的感觉！让失落的心也能得到一丝安慰。就如人生中注定要错过许多人和事，永不再有相遇、相知和相爱的机会了，但越如此就越想念……

豆博士叮咛

以母乳喂哺新生儿的新妈妈不宜饮用这款豆浆，否则会使乳汁减少。

Part 3

一碗豆浆，呵护全家

本章养生豆浆导读速查表

分类	名称	健康TIPS	页码
宝宝	燕麦黑芝麻豆浆	帮助宝宝预防小儿佝偻病及缺铁性贫血	第52页
	核桃燕麦豆浆	健脑益智，增强记忆力，对宝宝大脑发育非常有益	第53页
孕妈妈	银耳百合黑豆浆	滋阴润肺，养心安神，帮助孕妈妈缓解孕期妊娠反应和焦虑性失眠	第54页
	豌豆小米豆浆	帮助孕妈妈健脾补虚，增强体质，并促进胎宝宝神经系统的发育	第55页
新妈妈	甘薯山药豆浆	帮助产后新妈妈滋补元气，美白瘦身	第56页
	红豆红枣豆浆	补益气血，催乳、通乳，帮助新妈妈产后恢复体力和分泌乳汁	第57页
更年期妈妈	桂圆糯米豆浆	补心安神，改善失眠、烦躁、潮热等更年期症状	第58页
	莲藕雪梨豆浆	养心安神，帮助更年期女性改善暴躁、焦虑情绪和失眠症状	第59页
	燕麦红枣豆浆	益气生津，补脾和胃，养血安神，缓解更年期不适	第59页
爸爸	芦笋山药豆浆	补充体能，增强食欲，促进消化	第60页
	枸杞小米豆浆	滋补肝肾，生精养血，明目安神	第61页
爷爷奶奶	长寿五豆豆浆	滋润皮肤，补充能量，增强机体活力，非常适合老年人饮用	第62页
	五谷延年豆浆	健脾养胃，养心益肺，促进消化，和五脏，调经络，延缓衰老	第63页
	燕麦枸杞山药豆浆	强身健体，清心安神，延缓衰老	第64页

香浓豆浆，全家共享

宝宝的豆浆：成长的"助推剂"

● **豆浆不能完全代替牛奶**。豆浆虽不能代替牛奶喂养宝宝，但1周岁以上的宝宝可以喝豆浆，最好牛奶、豆浆都喝。

● **对乳糖过敏的宝宝适合喝豆浆**。对乳糖过敏的宝宝可以喝豆浆，因为豆浆含寡糖，可以100%被人体所吸收。

● **胖宝宝适合用豆浆代替牛奶饮用**。胖宝宝喝豆浆比喝牛奶更健康，因为牛奶的血糖指数为30%，而黄豆的只有15%。

妈妈的豆浆：营养的"植物奶"

● **孕妈妈**：常喝豆浆能够摄取到各种营养，补充身体对营养素的需求，也能够为胎宝宝提供健康发育不可缺少的营养物质。

● **新妈妈**：常喝豆浆可促进乳汁分泌；还有补血的作用，可预防产后贫血；预防危害女性健康的子宫癌、乳腺癌等。

● **更年期妈妈**：女性在绝经后雌激素水平下降的情况下，常喝豆浆能升高体内雌激素水平。在体内激素水平正常时，豆浆中的大豆异黄酮还有助于保持体内激素水平的稳定。

爸爸的豆浆：活力的源泉

　　男人喝豆浆不仅可以维持心脏和血管健康、改善肠道功能，而且能够保持男性青春活力。

　　此外，男性经常饮用鲜豆浆，可平衡营养、调节内分泌和脂肪代谢系统、分解多余脂肪、增强肌肉活力，既能保证机体有足够的营养，又能达到健康、减肥的目的。

爷爷奶奶的豆浆：长寿的滋补液

　　豆浆中含有大量不饱和脂肪酸，且胆固醇含量低，老年人长期饮用，可预防动脉粥样硬化及血脂升高。

　　对老年人来说，摄入过多胆固醇会加重代谢负担，也易导致血脂升高，所以应限制脂肪的摄入量，尤其是饱和脂肪酸的摄入量，以减少胆固醇的摄入量。鉴于此，常喝豆浆就是很好的应对方法。

　　不过，豆浆虽好，但老年人由于自身生理及体质特点，还是以适量饮用为宜，不可过量饮用。

燕麦黑芝麻豆浆

田里的苗要用水和肥料去呵护，家里的"苗"要用爱和营养去呵护！

燕麦 钙含量较高，经常食用有助于预防小儿佝偻病

+

黑芝麻 铁含量较为丰富，有助于宝宝生长发育，而且能预防缺铁性贫血

↓

帮助宝宝预防小儿佝偻病及缺铁性贫血

材料 黄豆50克，燕麦30克，熟黑芝麻10克，冰糖适量。

做法 1.将黄豆用清水浸泡至软后洗净；燕麦淘洗干净后用清水浸泡2小时；熟黑芝麻碾成末。

2.将泡好的黄豆、燕麦和熟黑芝麻末一同倒入全自动豆浆机中，加适量水煮成豆浆。

3.将豆浆过滤，加冰糖调味即可。

豆博士料理

燕麦需要充分浸泡后才能用来做豆浆，如果着急饮用，可用燕麦片代替。

边喝边聊

在各种粮食中，燕麦的钙含量最高，西方人就很注重燕麦的这种营养价值。妈妈们应该经常用燕麦给宝宝做些食物吃。比如，做这款豆浆时，就可以特意留点儿燕麦和黑芝麻，与大米一起煮粥，再加些白糖调味，宝宝常喝这款粥对骨骼发育很有好处。

豆博士叮咛

有便溏、腹泻症状的宝宝不宜饮用这款豆浆，因为燕麦和黑芝麻有促进胃肠蠕动的作用，会加速人体排便。

核桃燕麦豆浆

亲爱的宝宝，妈妈对你的爱就在这浓浓的豆浆里，祝愿你聪明、健康地成长。

核桃 富含卵磷脂，对增强宝宝的记忆力大有好处

＋

燕麦 所含的蛋白质和锌有助于提高宝宝思维的灵敏性

↓

健脑益智，增强记忆力，对宝宝大脑发育非常有益

♀材料 黄豆60克，核桃仁20克，燕麦片15克。

♀做法 1.将黄豆用清水浸泡至软，洗净；核桃仁切小块。

2.将泡好的黄豆和核桃仁块、燕麦片一同放入全自动豆浆机中，加适量水煮成豆浆即可。

豆博士料理

核桃仁的褐色表皮含有多酚类物质，有很高的营养价值，制作豆浆时不要剥掉。

边喝边聊

妈妈们在做这款豆浆时，可以额外准备些核桃仁、燕麦片，用搅拌机打成粉末，再加入适量米粉拌匀，储存起来。早上来不及给宝宝做早餐时，可以取一些用沸水冲开，加入少量白糖或木糖醇，做个核桃仁燕麦粉糊给宝宝喝，既增智力，又润血脉。

豆博士叮咛

宝宝上火或腹泻时不宜喝这款豆浆，因为核桃性温，含油脂多，会加重病情。

银耳百合黑豆浆

疲惫与期待相伴，忐忑与幸福交织……就让这款豆浆来帮你放松一下吧！

银耳 益胃生津，滋阴润肺、能够帮助孕妈妈缓解妊娠反应

+

百合 养心、安神、助眠，可以帮助孕妈妈缓解失眠症状

↓

滋阴润肺，养心安神，帮助孕妈妈缓解孕期妊娠反应和焦虑性失眠

材料 黑豆50克，水发银耳、鲜百合各30克。

做法 1.将黑豆用清水浸泡至软，洗净；水发银耳择洗干净，撕成小朵；鲜百合择洗干净，分成小瓣。

2.将泡好的黑豆、水发银耳朵和鲜百合瓣一同倒入全自动豆浆机中，加入适量清水煮成豆浆即可。

豆博士料理

泡发银耳的水最好不要倒掉，而应和银耳一起用来制作豆浆，这样可以保留银耳中一些水溶性的营养成分。

边喝边聊

每位孕妈妈都盼望着生育出健康可爱的小宝宝，可你知道吗？在胎宝宝骨骼和牙齿初步形成的阶段，豆浆和牛奶一样，对胎宝宝的正常发育异常重要，而且豆浆营养全面，正好与牛奶互补。孕妈妈若将二者经常交替饮用，对胎宝宝好处更多。

豆博士叮咛

百合性寒黏腻，脾胃虚寒的孕妈妈不宜食用，也不宜饮用这款豆浆。

豌豆小米豆浆

营养不需贵！因为胎宝宝也和孕妈妈一样，最爱"家常美味"。

◇材料 黄豆60克，鲜豌豆、小米各30克，冰糖适量。

◇做法 1.将黄豆用清水浸泡至软，洗净；小米淘洗干净，用清水浸泡2小时；鲜豌豆洗净。

2.将泡好的黄豆、小米和鲜豌豆一同倒入全自动豆浆机中，加适量水煮成豆浆。

3.将豆浆过滤，加冰糖调味即可。

豆博士料理

制作这款豆浆时，如果用富含叶酸的芦笋来代替鲜豌豆，也能取得同样的健康效果。

豆博士叮咛

小米性稍偏凉，气滞、体质虚寒的孕妈妈不宜过多食用，也要少饮用这款豆浆。

边喝边聊

十月怀胎，孕妈妈的每一天都是幸福的，也是辛苦的，在那些食不甘味、经常便秘的日子里，你可否想到用一碗小米糊来滋养身心？那就着手准备吧！只需把豌豆和小米用6∶1的比例相配，煮成糊后加白糖调味，就如这碗豆浆一样简便又营养了。

豌豆 富含叶酸，能促进胎宝宝神经系统的发育，适合孕妈妈在孕早期食用

＋

小米 益肾补虚，健脾和中，可改善准妈妈脾胃虚弱、食欲不振的症状

帮助孕妈妈健脾补虚，增强体质，并促进胎宝宝神经系统的发育

甘薯山药豆浆

瘦身又滋补，对新妈妈来说，还有比这更美的事吗？

甘薯 宽肠通便，有助于新妈妈恢复体形，还能使皮肤白嫩

+

山药 健脾益胃，滋肾益精，有利于产后新妈妈滋补元气

↓

帮助产后新妈妈滋补元气，美白瘦身

♦**材料** 甘薯、山药各15克，黄豆30克，大米、小米、燕麦片各10克。

♦**做法** 1.将黄豆用清水浸泡至软后洗净；大米和小米淘洗干净，用清水泡2小时；甘薯、山药分别洗净，去皮后切丁。

2.将泡好的黄豆、甘薯丁、山药丁、大米、小米和燕麦片一同倒入全自动豆浆机中，加适量水煮成豆浆即可。

豆博士料理

在浸泡山药时，可把山药去皮后放入冷水中，加入少量醋，以防山药氧化变黑。

边喝边聊

女人"坐月子"能喝豆浆吗？当然可以！而且好处说不完：新妈妈在月子里喝豆浆，不但能调节内分泌，还能促进乳汁分泌；如果分娩时失血过多，喝豆浆还有补血的效果；若在豆浆里放点儿小米，不但滋补，还不会上火和发胖……

豆博士叮咛

挑选山药时，宜选择表皮光滑无伤痕、薯块完整肥厚、颜色均匀、有光泽的。

红豆红枣豆浆

把新妈妈的瘦身与哺乳同时照顾好，这才是"负责任"的好豆浆。

红豆 具有催乳作用，适合新妈妈产后食用

＋

红枣 可通乳汁，补益气血，对新妈妈产后恢复体力和分泌乳汁很有好处

↓

补益气血，催乳、通乳，帮助新妈妈产后恢复体力和分泌乳汁

♦ 材料 黄豆50克，红豆、红枣各25克，冰糖适量。

♦ 做法 1.将黄豆用清水浸泡至软，洗净；红豆淘洗干净，用清水浸泡至软；红枣洗净，去核后切成末。

2.将泡好的黄豆、红豆和红枣末一同倒入全自动豆浆机中，加适量水煮成豆浆。

3.将豆浆过滤，加冰糖调味即可。

豆博士料理

制作豆浆时，最好放入等量的红豆和红枣，这样有利于营养的吸收，还能使其作用加倍。

😊 豆博士叮咛

新妈妈产后如小腹胀满、大便秘结，应少吃红枣，也应少饮用这款豆浆。

边喝边聊 ☕

生孩子的经历也许是女人一生中最难以忘却的记忆。但当了新妈妈后，更要注意调理身体啊！因为分娩时常伴随着大量失血，气虚血脱就容易落下病根。此时可将150毫升黄豆浆煮沸，加入10克阿胶烊化，用白糖调味，连服2～3剂，益气养血的效果非常好。

桂圆糯米豆浆

让桂圆和糯米来帮您安眠，也忘记"更年期"这个恼人的字眼吧！

桂圆 补血安神、养心益脾，对女性更年期心烦气躁、失眠多梦等症有较显著的改善作用

＋

黄豆 大豆异黄酮对女性更年期失眠、烦躁、潮热等症状有明显的改善作用

↓

补心安神，改善失眠、烦躁、潮热等更年期症状

材料 黄豆60克，桂圆肉、糯米各25克。

做法 1.将黄豆用清水浸泡至软，洗净；糯米淘洗干净，用清水浸泡2小时。
2.将泡好的黄豆、桂圆肉和糯米一同倒入豆浆机中，加入适量水煮成豆浆即可。

豆博士料理

制作这款豆浆时，如果用莲子来代替桂圆，也可取得相同的食疗效果。

边喝边聊

虽然喝豆浆无法阻止女人变老，但让年轻驻留更久却完全可以做到，不过，这要长期坚持才能收到效果。每天早上有这样一碗豆浆相伴，时不时再交替着放点儿银耳、红枣、莲子、薏米、核桃仁……这些呵护女人的宝贝，想年轻？那还不容易！

豆博士叮咛

由于桂圆易生内热，所以平时虚火旺盛、消化不良、内有痰火的更年期女性不宜饮用这款豆浆。

莲藕雪梨豆浆

洁白清凉的莲藕和雪梨，让你由内而外散发魅力！

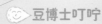**材料** 黄豆60克，莲藕35克，雪梨1个。

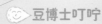**做法** 1.黄豆浸泡至软，洗净；莲藕去皮，洗净后切丁；雪梨洗净后去皮和核，切丁。

2.将泡好的黄豆、莲藕丁和雪梨丁一同倒入全自动豆浆机中，加入适量水煮成豆浆即可。

😊 **豆博士叮咛**

体质虚弱、脾胃虚寒的更年期女性不宜饮用这款豆浆。

健康TIPS

养心安神，帮助更年期女性改善暴躁、焦虑情绪和失眠症状。

燕麦红枣豆浆

只要给肌肤以最好的滋润，年轮对于女人还会是障碍吗？

材料 黄豆60克，红枣30克，燕麦适量。

做法 1.黄豆用清水浸泡至软，洗净；红枣洗净，去核后切成碎末。

2.将泡好的黄豆、燕麦和枣末一同倒入全自动豆浆机中，加入适量水煮成豆浆即可。

豆博士料理

急于饮用此款豆浆时，可将即食燕麦片直接倒入煮好的豆浆中，可使营养迅速溶进豆浆中，当然也就可以马上喝到醇香爽口的燕麦红枣豆浆了。

健康TIPS

益气生津，补脾和胃，养血安神，缓解更年期不适。

芦笋山药豆浆

为了家人，请保养好自己的身体！这碗豆浆里承载着他们浓浓的期待和关爱。

芦笋 营养丰富，含有蛋白质、多种维生素及无机盐等

＋

山药 健脾胃、补肺益肾

↓

补充体能，增强食欲，促进消化

◆材料 黄豆50克，芦笋、山药各25克。

◆做法 1.将芦笋洗净，切成小段，略微氽烫后捞出沥干；黄豆加适量清水泡至发软，捞出洗净；山药去皮，切丁，氽烫后捞出沥干，备用。

2.将泡好的黄豆、芦笋段、山药丁一同放入全自动豆浆机中，加入适量水煮成豆浆，凉凉后即可饮用。

豆博士料理

芦笋中富含叶酸，经高温加热很容易被破坏，所以氽烫的时间不宜过长。

边喝边聊

有人说，豆浆含有植物雌激素，男人喝了会"涨"乳房，不长胡子、变娘娘腔。荒谬！其实，豆浆里的植物雌激素含量极低，根本不可能改变人体激素平衡。况且，男性体内也不存在这种雌激素受体，所以男人不但可以喝豆浆，而且有益无害。

豆博士叮咛

芦笋中含有的甘露聚糖，可升高血液中血糖水平，所以糖尿病患者不宜多饮这款豆浆。

枸杞小米豆浆

累了就歇一歇吧，来碗淡香的豆浆，闭上眼睛好好休息一会儿……

 小米 营养丰富，有滋阴养血的作用

＋

 枸杞子 为延年益寿的妙品，可保护肝脏，预防和缓解肾虚、眼病等

↓

滋补肝肾，生精养血，明目安神

♀材料 黄豆50克，小米30克，枸杞子20粒。

♀做法 1.将黄豆用清水浸泡至软，洗净；小米、枸杞子分别用清水洗净。

2.将泡好的黄豆、小米和枸杞子一同放入全自动浆机中，加入适量水煮成豆浆即可。

豆博士料理

制作豆浆时，如选用优质干枸杞子，清洗时可能会掉一些红色，这是正常现象。当然，若不想让枸杞子掉色，则可改用冷水清洗，这样就不会掉色了。

边喝边聊

"早食浆，晚食粥"，男人的身体就应该这么补。早晨来碗小米豆浆，一天神清气爽，精力用也用不完；晚上睡前再喝点儿小米粥，撒上几粒枸杞子，胃里暖烘烘，睡眠更安稳，这样的生活有多美！当然，"鱼和熊掌"也不必兼得，交替着享用最好。

😊 豆博士叮咛

由于枸杞子性温热，易引起血压升高，所以高血压患者应尽量少饮这款豆浆。

长寿五豆豆浆

浓浓的关怀里浸满孝心，愿天下的老人们都能幸福安康、福寿长久！

黑豆 能软化血管、滋润皮肤、延缓衰老、滋补肾阴，还可改善老年人体虚乏力的症状

＋

花生 能降低血脂，保护心血管，减少老年人罹患心血管疾病的概率

▼

滋润皮肤，补充能量，增强机体活力，非常适合老年人饮用

♦材料 黄豆40克，黑豆、青豆、豌豆、花生各15克，冰糖适量。

♦做法 1.将黄豆、黑豆、青豆和豌豆分别加水泡至发软，捞出洗净；花生洗净。

2.将泡好的前4种豆和花生一同放入全自动豆浆机中，加入适量水煮成豆浆。

3.将豆浆过滤，加入适量冰糖调味即可。

豆博士料理

制作豆浆前，可将所有材料（冰糖除外）放入冰箱冷冻室冷冻60分钟，这样能缩短浸泡时间。

边喝边聊

在我国著名的"长寿之乡"广西巴马，百岁以上的老人非常多。他们的长寿秘诀就是：刮痧+豆浆。平时身体有点儿不舒服，就用刮痧来解决；天天喝豆浆，不光喝浆，连豆渣也不扔，加入萝卜缨、南瓜等蔬菜后煮熟吃，被当地人尊称为"和渣"。

豆博士叮咛

老年高脂血症患者不宜多喝这款豆浆，因为花生能使血脂升高，并可导致动脉粥样硬化。

五谷延年豆浆

五谷最养人，老人保养好身体，子女才能更放心。

♦材料 黄豆80克，大米、小米、小麦仁、玉米渣各5克。

♦做法 1.将黄豆、大米、小米、小麦仁、玉米渣分别加水泡软，捞出洗净。
2.将所有泡好的材料一同放入全自动豆浆机中，加适量水煮成豆浆即可。

豆博士料理

泡小米时，用冷水浸泡30分钟，米粒就会膨胀开，这样做出的豆浆口感更好。

😊豆博士叮咛

优质的小米应该颜色均匀，呈乳白色、黄色或金黄色，有清香味，富有光泽，无杂质。

边喝边聊 🍵

老年人常有牙齿松动、脱落的现象，所以最好常吃些软乎乎、易消化的食物。有一款"玉米发糕"就不错：在做豆浆时多准备些玉米渣，用搅拌机搅打成细玉米面，加入适量面粉、白糖，用温水调成糊，发酵后蒸熟即可食用。

小麦仁 养心益脾，和五脏，调经络

+

玉米 有调中开胃、益肺宁心、延缓衰老等作用

↓

健脾养胃，养心益肺，促进消化，和五脏，调经络，延缓衰老

燕麦枸杞山药豆浆

滋味绵长，享受恒久，让老人活得更年轻、更健康。

山药 补中益气，滋补五脏，强健筋骨、清心安神，延年益寿

+

枸杞子 强身健体、延缓衰老

↓

强身健体，清心安神，延缓衰老

♦材料 黄豆40克，山药20克，燕麦片、枸杞子各10克。

♦做法 1.将黄豆用清水浸泡至软后洗净；山药去皮洗净，切小丁；枸杞子用清水洗净，泡软，沥干。

2.将泡好的黄豆、山药、燕麦片以及枸杞子一同倒入全自动豆浆机中，加入适量水煮成豆浆即可。

豆博士料理

将山药切成段，在沸水中浸泡30分钟左右再去皮切丁，就不会使手发痒。

边喝边聊

操劳一生的父母到了安享晚年的时候，作为儿女，奉上一碗醇香的豆浆，让亲情和温暖永驻，老人一定很喜欢。若将山药、燕麦、枸杞子与大米一起煮粥，再加点儿冰糖调味，老人喝了不仅能增体力、消疲劳，还有降糖和抗肿瘤的作用呢！

😊 豆博士叮咛

这款豆浆性质温热，老年人如果正在感冒发热、腹泻，或者身体不适，最好不要饮用。

Part 4

五色豆浆养五脏

本章养生豆浆导读速查表

分类	名称	健康TIPS	页码
红色养心	红枣枸杞豆浆	养心补血，具有预防心脏病的作用	第68页
	红枣莲子豆浆	红枣可健脾益胃、补气养血；莲子可养心安神，一同用来做豆浆，可以补气益血，增进食欲	第69页
	红绿豆百合豆浆	强化心脏功能，对心悸有一定改善作用	第69页
黑色补肾	黑芝麻黑米豆浆	具有滋阴补肾的作用，而且补益精血，润肠	第70页
	桂圆山药黑米浆	具有益肾补虚、滋养脾胃、补益身体的作用	第71页
青色益肝	玉米葡萄干豆浆	具有补益气血、增强肝脏功能和预防脂肪肝的作用	第72页
	绿豆枸杞红枣浆	营养丰富，滋补肝肾、养肝护肝的作用较好	第73页
	黑米青豆豆浆	具有滋养肝肾、补脾益胃的作用	第73页
黄色健脾	高粱玉米红枣豆浆	和胃健脾，适宜脾胃虚弱、消化不良、便溏腹泻者饮用	第74页
	山楂二米豆浆	能迅速缓解胃部不适，增进食欲	第75页
	糯米冰糖黄豆浆	具有补脾益气、养阴和胃的作用	第76页
	核桃楂米豆浆	具有健脾养胃、增进食欲、通润血脉的作用	第77页
白色润肺	百合银耳绿豆浆	滋阴润肺，清肺热、除肺燥	第78页
	冰糖白果豆浆	止咳平喘、补肺益肾、敛肺气，对肺燥咳嗽、干咳无痰、咯痰带血都有较好的食疗作用	第79页
	荸荠雪梨豆浆	润肺补肺，止咳祛痰	第80页

每种颜色都是对健康的承诺

中医指出，食物的颜色与人体五脏相互对应，只要合理搭配，就能促进人体健康。在家庭中制作养生豆浆时，也可以选取不同颜色的食物作为食材，相对应地滋养五脏，从而促进身体健康。

红色——对心的承诺

中医五行学说认为，红色为火，食用红色食物后可入心、入血，益气补血。此外，研究发现，红色食物富含番茄红素、丹宁酸等，抗氧化性极强，还能为人体提供蛋白质、矿物质、多种维生素及微量元素，从而增强人体的心脏和气血功能。制作养生豆浆时经常选用的红色食物主要有红豆、山楂、枸杞子、红枣、草莓、西红柿、甘薯、苹果等。

黑色——对肾的承诺

在中医五行学说中，黑色主水，入肾，因此常食黑色食物可补肾。黑色食物主要是指那些颜色呈黑色或紫色、深褐色的各种天然动植物。比如，豆类中的黑豆就可补肾，具有调中益气、活血解毒、下气利水的作用。制作养生豆浆时经常选用的黑色食物主要有黑豆、黑芝麻、黑木耳、紫菜等。

青色——对肝的承诺

中医五行学说认为，青色入肝，青绿色食物可以疏肝、养肝，是人体的"排毒剂"，能起到调节肝气的作用。比如，绿豆性凉、味甘，有助于肝脏解毒排毒。此外，绿色蔬菜也普遍具有养肝作用，而且还是钙元素的最佳来源，为补钙佳品。制作养生豆浆时经常选用的青绿色食物主要有绿豆、青笋、青菜、青豆、菠菜等。

黄色——对脾的承诺

在中医五行学说中，黄色为土，所以摄入黄色食物后，其营养物质主要作用在脾胃。黄色食物中的维生素A、维生素D等营养素的含量都比较丰富，常食对脾胃大有裨益。制作养生豆浆时经常选用的黄色食物主要有黄豆、南瓜、玉米、小米等。

白色——对肺的承诺

白色在中医五行中属金，入肺，具有益气之功。现代科学研究表明，大多数白色食物的蛋白质成分都较丰富，经常食用既能消除身体的疲劳，又可促进疾病的康复，高血压、心脏病等患者食用白色食物效果更好。制作养生豆浆时经常选用的白色食物主要有牛奶、大米、白果、梨、白杏仁、百合等。

红枣枸杞豆浆

淡红的豆浆滋润心田，把烦恼和不安都赶走。

红枣 具有增加心肌收缩力、改善心肌营养的作用

+

枸杞子 可补养心脏，经常食用，可对心脏病起到预防作用

↓

养心补血，具有预防心脏病的作用

♦材料 黄豆100克，红枣、枸杞子、白糖各适量。

♦做法 1.将黄豆加水泡至发软，捞出洗净；红枣、枸杞子分别洗净，加温水泡发。
2.将泡好的黄豆、红枣、枸杞子一同放入全自动豆浆机中，加入适量水煮成豆浆。
3.将豆浆过滤，加入适量白糖调味即可。

豆博士料理

现代科学研究表明，红枣的皮中含有丰富的营养成分，制作这款豆浆时，不要去除枣皮，这样可有效吸收红枣的营养。

边喝边聊

对于女人来说，养心即养颜，血液循环良好，脸上就会红润、有光泽，人就显得年轻。小小的红枣就是女人越来越美的秘密！民间不是也有"天天吃红枣，一生不显老"的说法吗？所以，平时用红枣做个养心红枣豆浆就非常适合女人了。

☺豆博士叮咛

喝这款豆浆后不宜立刻食用桂圆、荔枝等温热食物，否则会上火。

红枣莲子豆浆

一碗豆浆，把全家人的"心"都连在了一起。

◊材料 黄豆50克，红枣5颗，莲子10克，冰糖适量。

◊做法 1.黄豆用清水泡软，洗净；莲子洗净后浸泡2小时；红枣洗净后去核。

2.将红枣、莲子和泡好的黄豆一同放入全自动豆浆机中，加入适量水做成豆浆。

3.将豆浆过滤后加入冰糖调味即可。

豆博士料理

需要注意的是，鲜红枣更宜生吃；而干红枣由于钙含量高，也有利于营养吸收，因而更适合用来做豆浆。

健康TIPS

红枣可健脾益胃、补气养血；莲子可养心安神，一同用来做豆浆，可以补气益血，增进食欲。

红绿豆百合豆浆

让心平静、安然，只需这样一碗浓香好豆浆。

◊材料 绿豆、红豆各25克，新鲜百合20克。

◊做法 1.将绿豆、红豆分别淘洗干净，用清水浸泡至软；百合择洗干净，分瓣。

2.把所有材料一同倒入全自动豆浆机中，加适量水煮成豆浆即可。

豆博士料理

需要注意的是，制作豆浆时，如果选用干百合，应先用水充分泡发。

豆博士叮咛

由于绿豆性凉，在冬季制作这道豆浆时，应该减少绿豆的用量。

健康TIPS

强化心脏功能，对心悸有一定的改善作用。

黑芝麻黑米豆浆

清早起来喝一碗补肾豆浆，让你一天神清气爽。

黑芝麻 具有补肝肾、润五脏、益精血的作用

+

黑米 滋阴补肾，健身暖胃，明目活血

↓

具有滋阴补肾的作用，而且补益精血、润肠

♀**材料** 黑豆60克，黑米20克，花生、黑芝麻各10克，白糖适量。

♀**做法** 1.将黑豆浸泡至软，洗净；黑米洗净，浸泡2小时；花生洗净；黑芝麻洗净后沥干水分，擀碎。

2.把泡好的黑豆、黑米、花生和黑芝麻末一同倒入全自动豆浆机中，加入适量水煮成豆浆，加白糖调味即可。

豆博士料理

黑米的营养成分多聚集在黑色皮层，所以清洗时间不宜过长，而且宜将浸泡黑米的水与黑米一同用来做豆浆。

边喝边聊

有黑芝麻、黑米，就离不开"黑"的话题。的确，将黑芝麻、黑米一起煮成糊来喝，黑发效果好。而且，因为黑色补肾，还能养颜抗衰，又是一款女人最爱的"宝贝糊"！制作时只需把黑芝麻、黑米与牛奶煮成米糊，加入白糖调味即可。

😊**豆博士叮咛**

取黑芝麻闻一下，有纯正香气的一般质量较好，若有霉味，则不要选购。

桂圆山药黑米浆

营养就是硬道理，工作起来有动力！

材料 黄豆50克，山药30克，黑米、桂圆各适量。

做法 1.将黄豆、黑米分别浸泡，洗净；山药去皮后洗净，切小块，余烫片刻，捞出沥干；桂圆去皮、核，取肉。
2.将山药块、桂圆肉、黑米、泡好的黄豆一同放入全自动豆浆机中，加水煮成豆浆即可。

豆博士料理

变味的桂圆果肉不宜再食用，更不宜用来做豆浆。

豆博士叮咛

挑选桂圆时，可品尝一下，肉质清甜而结实，且果肉透明而无汁液溢出者比较好。另外，桂圆保鲜时间短，宜鲜食。

桂圆 益心脾，补气血，具有良好的滋养补益作用

＋

山药 补中益气，滋补肾阴，强健筋骨，延年益寿

具有益肾补虚、滋养脾胃、补益身体的作用

玉米葡萄干豆浆

火气大吗？心情糟吗？别忘了这碗豆浆里还有家人对你默默的关爱！

黄豆 富含不饱和脂肪酸，可预防脂肪肝等病症

+

葡萄干 富含葡萄糖及多种维生素，可补益气血，补益肝阴

↓

具有补益气血、增强肝脏功能和预防脂肪肝的作用

♀材料 黄豆70克，玉米渣25克，无籽葡萄干20克。

♀做法 1.将黄豆浸泡至软，洗净；玉米渣淘洗干净，浸泡2小时；无籽葡萄干泡软，切碎。

2.把所有材料一同倒入全自动豆浆机中，加入适量水煮成豆浆即可。

豆博士料理

制作该款豆浆时，如果将无籽葡萄干换成鲜葡萄，就必须浸泡前先去籽。

边喝边聊

"女子以血为养"。而女人却最易贫血，不但面颊会缺少红色，还会怕冷，常年手脚冰凉。倘若每天吃一小把葡萄干，这些症状就可以逐步缓解。此外，用葡萄干与去心莲子一起煲汤，喝汤吃料，也能益肝滋肾、美容养颜。

豆博士叮咛

葡萄干含有大量糖分，且易被人体吸收，所以糖尿病患者应少喝或不喝这款豆浆。

绿豆枸杞红枣浆

为肝脏解解毒，为健康加加油！

♀材料 黄豆60克，绿豆20克，红枣4枚，枸杞子5克。

♀做法 1.将黄豆、绿豆分别淘洗干净，用清水浸泡至软；枸杞子洗净，泡软后切碎；红枣洗净，去核后切成碎末。
2.把黄豆、绿豆、红枣末、枸杞子一同倒入全自动豆浆机中，加适量水后煮成豆浆即可。

豆博士料理

经常目视不清者在制作这款豆浆时，可适当增加枸杞子的用量。

> **😊豆博士叮咛**
> 脾虚泄泻者不宜吃枸杞子，也不宜过多饮用这款豆浆。

> **健康TIPS**
> 营养丰富，滋补肝肾、养肝护肝的作用较好。

黑米青豆豆浆

经常需要应酬的你，出门前一定要先喝这碗养肝的豆浆。

♀材料 黄豆50克，黑米、青豆各20克。
♀做法 1.将黄豆、青豆分别用清水泡软，洗净；黑米淘洗干净，用清水泡2小时。
2.把全部材料一同倒入全自动豆浆机中，加入适量水煮成豆浆即可。

豆博士料理

消化能力弱的人制作这款豆浆时，宜将黑米充分泡软后再拿来打豆浆，这样有助于消化。因为黑米外部是一层较坚韧的种皮，约经10～12小时浸泡才能充分泡软。

> **健康TIPS**
> 具有滋养肝肾、补脾益胃的作用。

> **😊豆博士叮咛**
> 病后体虚者应待豆浆充分煮透后再饮用。

高粱玉米红枣豆浆

蔬果间的又一次握手，只为让你胃口更好、身体更棒！

高粱 具有和胃、健脾的作用，适宜脾胃气虚、大便细软者及小儿消化不良时服食

+

玉米 能调中和胃、益气宁心

↓

和胃健脾，适宜脾胃虚弱、消化不良、便溏腹泻者饮用

材料 黄豆50克，高粱、玉米渣各20克，红枣、蜂蜜各适量。

做法 1.将黄豆用清水浸泡至软，洗净；高粱、玉米渣分别淘洗干净，用清水浸泡2小时；红枣洗净、去核后切碎末。

2.把做法1中材料一同倒入全自动豆浆机中，加入适量水煮成豆浆。

3.将豆浆晾至温热，加入蜂蜜调味即可。

豆博士料理

红枣表皮容易藏污纳垢，可稍浸泡数分钟，再用软毛刷逐个轻轻刷洗干净。

豆博士叮咛

糖尿病患者应禁食高粱，因此不宜饮用这款豆浆。

边喝边聊

怎么样，这款豆浆是否合你的胃口？不要以为是蜂蜜左右了你的味蕾，其实是你太久没有闻过高粱的醇香了。是不是还觉得意犹未尽？那就再教你做款"高粱花生浆"：将适量高粱、花生、杏仁一起煮成豆浆，熟后加糖调味，同样香甜可口。

山楂二米豆浆

酸甜诱惑，不只是吸引，还能令你食欲大开！

山楂 开胃消食，健脾益气

+

小米 健脾和胃、益气补身

↓

能迅速缓解胃部不适，增进食欲

材料 小米30克，糙米20克，山楂片10克，黄豆浆100毫升，冰糖适量。

做法 1.小米洗净，浸泡至软；山楂片洗净。

2.将泡好的小米、糙米和山楂片一同放入全自动豆浆机，加入黄豆浆及适量清水煮成豆浆。

3.趁豆浆温热时，加适量冰糖调味即可。

豆博士料理

山楂用水煮一下可以去掉一些酸味，如果还觉得酸，可以适量加一点儿白糖，但这样做的话，山楂的消脂作用就削弱了很多。

> **豆博士叮咛**
>
> 脾胃虚弱者不宜食用山楂，也要少饮这款豆浆。

边喝边聊 🍵

山楂刺激味觉的能力绝对无与伦比，单是吃山楂片、山楂糕，就能让你食欲大开。倘若在炖肉时放点儿山楂，还能解油腻、使肉滑嫩，两全其美！炖肉时，可将山楂切片后直接放入汤中，也可将山楂煎汤、去渣，加入肉中一起炖汤。

糯米冰糖黄豆浆

谷与豆的绝佳组合，脾胃最好的滋补良药。

糯米 具有补中养胃、通血脉的作用

＋

黄豆 可以补虚清热，抗氧化

↓

具有补脾益气、养阴和胃的作用

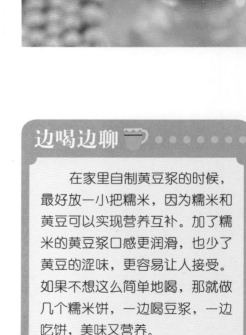

♀材料 糯米50克，黄豆25克，冰糖适量。

♀做法 1.将黄豆加适量水浸泡至发软，捞出洗净；糯米洗净。

2.将糯米、泡好的黄豆一同放入全自动豆浆机中，加适量水煮成豆浆。

3.将豆浆过滤，加入适量冰糖调味即可。

豆博士料理

制作这款豆浆时，最好以2∶1的比例放入糯米与黄豆，这样不仅利于营养的消化吸收，还有利于调和豆浆的口感。

😊豆博士叮咛

患有严重的肝病、肾病患者应忌食黄豆，也不适宜饮用这款豆浆。

边喝边聊

在家里自制黄豆浆的时候，最好放一小把糯米，因为糯米和黄豆可以实现营养互补。加了糯米的黄豆浆口感更润滑，也少了黄豆的涩味，更容易让人接受。如果不想这么简单地喝，那就做几个糯米饼，一边喝豆浆，一边吃饼，美味又营养。

核桃楂米豆浆

满足你的口味，抚慰你的脾胃！

🔘**材料** 黄豆浆200毫升，山楂片、小米各20克，核桃仁10克，白糖适量。

🔘**做法** 1.将山楂片洗净，晒干或烘干，研成末；小米淘洗干净，沥干；核桃仁用温水浸泡1~2小时，磨成浆状。

2.待黄豆浆煮沸3~5分钟后，兑入核桃仁浆煮沸，加入小米、山楂末搅拌均匀。

3.将豆浆过滤，加入白糖调味即可。

豆博士料理

制作这款豆浆时，可以将核桃仁、冰糖捣成核桃泥，然后直接放入豆浆中，这样做可以增加营养。

边喝边聊

朝九晚五的工作难免令人腰酸背痛，如果在休息时嚼几粒核桃仁，不仅可以提振精神，还能提升脑力，因为核桃可以滋补大脑，享有"大力士"的美称。当然，有时间的话，你也可以用豆浆机做个核桃山楂汁，再加点儿白糖调味，同样能增强体力。

😊豆博士叮咛

做豆浆时，如果选用的是完整的核桃，最好留下核桃外壳，因为煮水后服用可用来缓解腹泻。

核桃 可以开胃、通润血脉

+

小米 和中健胃，补益强身

↓

具有健脾养胃、增进食欲、通润血脉的作用

百合银耳绿豆浆

百合传香，绿豆清热，为你的健康"加点儿料"。

绿豆 能清热，对肺热、肺燥可起到改善作用

＋

银耳 有滋阴润肺的作用

↓

滋阴润肺，清肺热、除肺燥

♥材料 黄豆30克，绿豆20克，百合10克，银耳15克。

♀做法 1.将黄豆用清水浸泡至软，洗净；绿豆淘洗干净，用清水浸泡4～6小时；百合洗净，泡发，切碎；银耳洗净，泡软。

2.将全部材料一同倒入全自动豆浆机中，加入适量水煮成豆浆即可。

豆博士料理

制作这款豆浆时，如果是用于改善肺燥咳嗽症状，则可选用鲜百合；如果是用于滋养保护肺脏，则宜选用干百合。

边喝边聊

燥热逐渐退去，秋意已然正浓。所谓秋高气爽，干燥的天气也会使我们的身体遭受不适，尤其是呼吸系统。百合一直是润肺清心的佳品，再配以新鲜的绿豆，一杯美味豆浆为我们的健康保驾护航。让我们在享受着丰收喜悦的同时，也收获着健康。

😊豆博士叮咛

可带渣饮用这款豆浆，能使绿豆及银耳的营养得到更全面的吸收。

冰糖白果豆浆

嗓子干哑，除了要多喝水，选择这碗豆浆也不错。

黄豆 具有益气养血、健脾宽中、健身宁心、下利大肠、润燥消水的作用

+

白果 有润肺平喘、行血利尿等作用

↓

止咳平喘、补肺益肾、敛肺气，对肺燥咳嗽、干咳无痰、咯痰带血都有较好的食疗作用

♀材料 黄豆70克，白果15克，冰糖适量。

♀做法 1.将黄豆用清水浸泡至软，洗净；白果去除外壳。

2.将白果和浸泡好的黄豆一同倒入全自动豆浆机中，加入适量清水煮成豆浆。

3.将豆浆过滤，加冰糖调味即可。

豆博士料理

由于白果味甘、苦、涩，会影响豆浆的口感，所以做豆浆时也可以用适量的白糖或冰糖来调味。

边喝边聊

白果生吃会中毒，熟食则美味浓香不可挡！如用白果来做款"豆浆白果粥"，不但健脾开胃，而且养颜润肤，是女人的又一个美容法宝。制作时，锅内放入200克豆浆及燕麦、薏米各50克，煮开后再加入15克白果，煮至粥稠即可。

豆博士叮咛

白果有小毒，不可生食，熟食也不能过多，否则容易中毒。

荸荠雪梨豆浆

鲜香扑鼻，沁人心肺，原来豆浆也能让人如痴如醉。

荸荠 生津润肺，化痰利肠，通淋利尿，消食除胀

＋

雪梨 可以祛痰止咳，养喉利咽

↓

润肺补肺，止咳祛痰

♀材料 黄豆50克，荸荠30克，百合15克，雪梨1个，冰糖适量。

♀做法 1.将黄豆用清水浸泡至软，洗净；百合泡发后洗净，切碎末；荸荠去皮后洗净，切小块；雪梨洗净，去皮、核，切碎末。

2.将上述材料一同倒入全自动豆浆机中，加入适量水煮成豆浆。

3.将豆浆过滤，加冰糖调味即可。

豆博士料理

做豆浆前可以先将百合洗净，装入杯中，再倒入适量开水，加盖浸泡半小时，即可快速泡发。

> **🔆豆博士叮咛**
> 消化能力弱、脾胃虚寒者不宜多饮这款豆浆。

边喝边聊

雪梨味鲜香甜，润燥生津。在干燥的季节里，一款"冰糖雪梨羹"不仅是非常好吃的甜品，而且还是年轻女孩美容的法宝。制作这道美味时，先将雪梨去皮，磨成蓉状或切块，加少许冰糖和适量水，慢火蒸30分钟即可食用。

Part 5

豆浆，还是家常的好

本章养生豆浆导读速查表

分类	名称	健康TIPS	页码
补气	黄豆黄芪大米豆浆	益气养阴，改善气虚、气血不足等症状	第84页
	莲子花生豆浆	莲子可养心安神、益肾固精，做成豆浆后可益气补虚、增强记忆、抗衰老	第85页
	人参红豆紫米豆浆	大补元气，改善气血不足、气短等症状	第85页
活血	玫瑰花油菜黑豆浆	活血化瘀，疏肝解郁，解毒消肿	第86页
	山楂大米豆浆	活血化瘀，补中益气，养阴润燥，尤其适合月经不调者饮用	第87页
清火	绿豆百合菊花豆浆	具有清热解毒和清火的作用，适用于多种上火症状	第88页
	慈姑桃米豆浆	清肺散热，补益气血，养阴生津，适宜于大病后气血亏虚者	第89页
排毒	蒲公英小米绿豆浆	清热解毒、散结消肿，能调养脾胃虚热、烦渴等症	第90页
	绿豆甘薯豆浆	具有解毒作用，能促进排便，有利于人体排毒、消除体内废气	第91页
	燕麦糙米豆浆	分解农药和放射性物质，清肠排毒	第92页
	海带豆浆	增强解毒功能，阻止人体吸收铅、镉等重金属，抑制放射性元素被肠道吸收	第93页
祛湿	薏米红绿豆浆	健脾利湿、清热解毒的作用较强	第94页
	黑豆蜂蜜豆浆	活血利水，滋阴补肾，能有效改善肾虚引起的腰酸腿软等不适症状	第95页
滋补	花生豆浆	具有滋润皮肤、降血脂、延年益寿的作用	第96页
	柠檬花生紫米豆浆	淡淡的清甜口感能让味觉提升，同时又富含多种营养成分	第97页
	饴糖补虚豆浆	营养丰富，具有补虚益阴、养心益肺的作用	第98页
	清甜玉米银耳豆浆	具有促进胃肠蠕动、调中开胃、益肺宁心的作用	第98页

"家常养生豆浆" 必备食材及其作用

分类	必备食材	作用
补气	黄芪	性微温、味甘，具有补气升阳、固表止汗、行水消肿等作用
	大米	性平、味甘，有补中益气、健脾养胃、和五脏、止烦止渴等作用
	人参	性微温，味甘微苦，具有补气固脱、健脾益肺、宁心益智等作用
	紫米	味香微甜，黏而不腻，有补血益气、滋阴补肾、健脾暖肝、明目活血等作用
	糯米	为温补强壮食品，具有补中益气、健脾养胃、止虚汗等作用
活血	玫瑰花	性微温、味甘微苦，具有疏肝解郁、和血调经等作用
	油菜	性温、味辛，无毒，能活血化瘀，可用于改善疖肿
	慈姑	性凉、味苦甘，活血通便，生津润肺，补中益气
	桃	性温、味甘酸，具有养阴、生津、润燥活血等作用
	山楂	性微温、味甘酸，具有消食健胃、活血化瘀等作用
清火	百合	性平、味甘微苦，具有养阴润肺、清心安神等作用
	菊花	性微寒、味甘微苦，具有疏散风热、清肝明目等作用
	蒲公英	性平、味甘微苦，清热解毒，消肿散结
	荸荠	性寒、味甘，具有清肺热、生津润肺、化痰利肠、凉血化湿、消食除胀等作用
	梨	性凉、味甘微酸，具有生津、润燥、清热、化痰等作用
	杏仁	性温、味苦，宣肺止咳，降气平喘，润肠通便
排毒	燕麦	性平、味甘，具用益肝和胃作用，常用于肝胃不和所致食少纳差、大便不畅等
	糙米	味甘、性温，可健脾养胃、补中益气，促进消化吸收
	海带	性寒、味咸，具有软坚散结、消痰平喘、通行利水等作用
	绿豆	性凉、味甘，具有清热解毒、利尿、消暑除烦，利水消肿等作用
	甘薯	性平微凉、味甘，可补脾益胃、益气生津、润肺滑肠
	绿茶	有助于保持皮肤光洁白嫩，减少皱纹，还能抗氧化、防辐射、提高免疫力、预防肿瘤
祛湿	薏米	性微寒、味甘淡，有健脾利水、利湿除痹、清利湿热等作用
	玉米	性平、味甘，有开胃健脾、除湿利尿等作用
	红豆	性平、味甘酸，具有健脾利水、解毒消痈、消利湿热等作用
滋补	花生	滋养补益，有助于延年益寿，民间又称"长生果"
	核桃	性温、味甘，可滋养脑细胞，增强脑功能补肾强腰、温肺定喘、润肠通便
	黑芝麻	有益肝、补肾、养血、润燥、乌发、美容等作用
	红枣	性温、味甘，有补中益气、养血安神、缓和药性等作用

黄豆黄芪大米豆浆

精气神儿十足的感觉，就藏在这浓浓的米浆中。

黄芪 益气固表，可改善气虚、气血不足等症状

＋

大米 益气，养血脉，补脾，养阴

↓

 益气养阴，改善气虚、气血不足等症状

材料 黄豆60克，黄芪25克，大米20克，蜂蜜适量。

做法 1.将黄豆用清水浸泡至软，洗净；大米淘洗干净；黄芪洗净，煎汁备用。

2.将黄豆、大米一同倒入全自动豆浆机中，淋入黄芪煎汁，再加适量清水煮成豆浆。

3.将豆浆过滤后晾温，加蜂蜜调味即可。

豆博士料理

煎黄芪时，可以将其放进砂锅中，加适量水浸泡30分钟，烧开后转小火煎30分钟，去渣取汁。

边喝边聊

也许你并不知道：豆浆是世界6大营养饮料之一；当美国的汉堡、牛排正吸引我们的时候，我们的豆浆、豆腐也在吸引着无数的美国人；美国农业部出版的《用简便方法生产的豆制品》一书中，首篇介绍的就是中国的豆浆和豆腐。

豆博士叮咛

当感冒发热、胸腹有满闷感时，最好不要饮用这款豆浆。

莲子花生豆浆

　　莲子的"心"意无处不在，千万别冷落了它的关心！

 材料 黄豆100克，莲子、花生各30克，冰糖适量。

 做法 1.黄豆、莲子、花生分别泡软，捞出洗净；莲子去心、切丁；冰糖捣碎。

2.将莲子丁、黄豆、花生放入全自动豆浆机中，加入适量水煮成豆浆。

3.将豆浆过滤，加入冰糖调味即可。

豆博士料理

　　巧除莲子皮：将莲子洗净，放入开水中，加适量食用碱搅拌均匀后稍闷片刻，再倒出用力揉搓，即可很快去除皮。

健康TIPS

　　莲子可养心安神、益肾固精，做成豆浆后可益气补虚、增强记忆、抗衰老。

人参红豆紫米豆浆

　　有人参这种大补之物，想不精力充沛都难。

材料 黄豆50克，红豆20克，紫米15克，人参、蜂蜜各适量。

做法 1.将黄豆用清水浸泡至软，洗净；红豆、紫米分别淘洗干净，用清水浸泡至软；人参煎汁。

2.将黄豆、红豆、紫米一同倒入全自动豆浆机中，淋入人参煎汁，再加适量清水煮成豆浆。

3.将豆浆过滤后晾至温热，加蜂蜜调味后饮用即可。

豆博士料理

　　野生人参一般很难买到，可以用红参、党参等代替人参。

健康TIPS

　　大补元气，改善气血不足、气短等症状。

玫瑰花油菜黑豆浆

适合女人的豆浆！花香让女人沉醉，豆浆让女人变美。

玫瑰花 具有疏肝解郁、活血化瘀的作用

+

油菜 能活血化瘀、解毒消肿

↓

活血化瘀，疏肝解郁，解毒消肿

🔹**材料** 黄豆50克，黑豆25克，油菜20克，玫瑰花适量。

🔹**做法** 1.将黄豆、黑豆分别用清水浸泡至软，洗净；玫瑰花洗净，用水泡开，切末；油菜择洗干净，切末。

2.将全部材料一同倒入全自动豆浆机中，加入适量水煮成豆浆即可。

豆博士料理

浸泡玫瑰花的水也应用来打豆浆，可以减少营养流失。

边喝边聊 🍵

在民间，用玫瑰花和糖冲服，甘美可口、色泽悦目的经验由来已久。冲泡玫瑰花的时候，如调入冰糖或蜂蜜，还能减少玫瑰花的涩味。而取1匙干燥的玫瑰花放入热水中泡开，再用大毛巾蘸取汁液后蒸脸，则能起到润肤美容的作用。

😊 **豆博士叮咛**

阴虚有火者不宜食用玫瑰花瓣，也不宜饮用这款豆浆。

山楂大米豆浆

女人经期不可或缺的宝贝。

材料 黄豆60克，山楂25克，大米20克，白糖适量。

做法 1.将黄豆用清水浸泡至软，洗净；大米淘洗干净；山楂洗净，去蒂除核后切碎。

2.将上述材料一同倒入全自动豆浆机中，加入适量水煮成豆浆，加白糖调味即可。

豆博士料理

米粒变黄是由于大米中某些营养成分在一定的条件下发生了化学反应，或者是大米粒中微生物繁殖所引起的。这样的黄粒米会影响豆浆的香味和口味，所以做豆浆时不要用变黄的大米。

豆博士叮咛
胃酸分泌过多者、病后体虚及患牙病者不宜食用山楂，也应少饮这款豆浆。

 山楂 具有消积化滞、收敛止痢、活血化瘀等作用

+

 大米 可补中益气，养阴润燥，和五脏，通血脉

↓

活血化瘀，补中益气，养阴润燥，尤其适合月经不调者饮用

87

绿豆百合菊花豆浆

终日奔忙，谁没点儿火气？可是别压在心里，让它在醇香的豆浆中释放出来，该有多轻松！

绿豆 性凉，清胃火、去肠热

＋

菊花 有解热作用，能清肺火，平肝火、胃火，适用于多种上火症状

具有清热解毒和清火的作用，适用于多种上火症状

材料 绿豆80克，百合30克，菊花10克，冰糖适量。

做法 1.绿豆淘洗干净，用清水浸泡至软；百合泡发，洗净后分瓣；菊花洗净。

2.将上述材料一同倒入全自动豆浆机中，加入适量水煮成豆浆。

3.将豆浆过滤，加入冰糖搅拌调味即可。

豆博士料理

制作这款豆浆时，选用上等的干品杭白菊，更有利于营养的吸收。

豆博士叮咛

绿豆和菊花均性凉，故脾胃虚弱者不宜多食，也不宜常饮这款豆浆。

边喝边聊

女人爱花，而花不仅能用来欣赏、传情，多数还能直接煮成豆浆，调养身心，让女人貌美如花。比如，菊花豆浆清火滋阴，还能去除满嘴的苦味；玫瑰豆浆花香四溢，不仅美容，还能调节女性内分泌；桂花豆浆润肤美白，还能缓解牙痛……

慈姑桃米豆浆

清醇可口，润泽肤色，女人排毒养颜的首选。

 慈姑 具有清肺散热、润肺止咳的作用

+

 桃 补益气血，养阴生津

↓

清肺散热，补益气血，养阴生津，适宜于大病后气血亏虚者

♦材料 黄豆50克，慈姑30克，桃1个，绿豆、小米各适量。

♦做法 1.黄豆、绿豆分别用清水浸泡至软，洗净；慈姑去皮，洗净，切碎；桃洗净，去核，切碎；小米淘洗干净，用清水浸泡2小时。

2.将全部材料一同倒入全自动豆浆机中，加适量水煮成豆浆即可。

豆博士料理

巧去桃毛：在水中放入少许食用碱，将桃放入浸泡3分钟，搅动几下，桃毛便会自动上浮，清洗后即可去除桃毛。

边喝边聊

"桃之夭夭，灼灼其华"，其形美观，其肉甜美，无愧于"天下第一果"。桃是女人的佳果，常吃桃子能"益颜色"，加上其气味芳香浓郁，一直都是爱美女人的最爱。有空的时候，不如做一个桃泥面膜，既能够解毒凉润，还能助你消除皮肤皱纹。

豆博士叮咛

慈姑虽然营养，但不宜多食，孕妈妈更要谨慎食用，最好少饮或不饮这款豆浆。

蒲公英小米绿豆浆

蒲公英——记忆里有味道的风景，原来还有清肺火的妙用！

绿豆 性凉，可以清热解毒，祛除上火症状

＋

蒲公英 性平、味甘，微苦，可清热解毒，消肿散结

↓

清热解毒、散结消肿，能调养脾胃虚热、烦渴等症

♦材料 绿豆60克，小米、蒲公英各20克，蜂蜜适量。

♦做法 1.将绿豆淘洗干净，用清水浸泡至软，洗净；小米淘洗干净，用清水浸泡2小时；蒲公英煎汁。

2.将小米和泡好的绿豆一同倒入全自动豆浆机中，淋入蒲公英煎汁，再加适量水煮成豆浆。

3.将豆浆过滤后晾温，加蜂蜜调味即可。

豆博士料理

冰糖具有良好的去肺火作用，可以用来代替蜂蜜。

边喝边聊

蒲公英是花草世界里的"草根"，她在春天里最美，不是因为姿色最撩人，而是因为她的味道、她的苦，最不起眼的她就是活的春色，连冬虫夏草也不如。若是嗓子痛得说不出话，用什么药最好？一碗蒲公英豆浆就是最好的清火排毒药！

豆博士叮咛

脾胃功能差的人应忌食蒲公英，也不宜饮用这款豆浆。

绿豆甘薯豆浆

排毒饮食中的绝配，尽情享用吧！

材料 黄豆40克，甘薯、绿豆各20克。

做法 1.将黄豆、绿豆分别用清水浸泡至软，洗净；甘薯去皮洗净，切碎后煮熟。

2.将全部材料一同倒入全自动豆浆机中，加入适量水后煮成豆浆即可。

豆博士料理

做豆浆之前要先将甘薯煮透，因为甘薯中的"气化酶"不经高温破坏，吃后会产生不适感。

豆博士叮咛

甘薯糖分多，湿阻脾胃、气滞食积者应慎食，也不宜多饮用这款豆浆。

边喝边聊

甘薯作为"粗粮"，过去总难登堂入室，但当吃野菜、粗粮成为时尚时，却处处不乏它的身影。甘薯可烤、蒸、煮，也可制成薯干、果脯、罐头。如用甘薯与大米熬粥，可健脾养胃，益气排毒；与胡萝卜、藕粉、白糖一起做窝头，可生津润肠。

甘薯 补脾益胃，生津止渴、排毒通便，益气生津，润肺滑肠

+

绿豆 具有清热解毒、利尿、消暑除烦、止渴健胃、利水消肿的作用

↓

具有解毒作用，能促进排便，有利于人体排毒、消除体内废气

燕麦糙米豆浆

让毒素悄悄跑掉，给身体无限活力。

糙米 可分解农药和放射性物质，有效防止人体吸收有害物质

+

燕麦 可防止便秘，清肠排毒

↓

分解农药和放射性物质，清肠排毒

🥄**材料** 黄豆45克，燕麦片20克，糙米15克。

🥄**做法** 1.将黄豆用清水浸泡至软，洗净；糙米淘洗干净，用清水浸泡2小时。
2.将燕麦片和泡好的黄豆、糙米一同倒入全自动豆浆机中，加适量水煮成豆浆即可。

豆博士料理

如果用燕麦米代替燕麦片，制作豆浆前就需用清水充分泡软。

豆博士叮咛

由于糙米米质较硬，虽经过长时间浸泡后做成豆浆，已变得更为细碎，但脾胃功能差者仍不宜多饮这款豆浆。

边喝边聊

糙米虽然营养不"糙"，但口感确实有点儿"糙"，尤其是煮饭时不如大米饭细嫩爽口，很难勾起食欲。其实，把糙米浸泡一天，再蒸30分钟后用来煮饭，比大米饭还好吃呢！另外，将糙米与大米合煮，也可以改善口感，兼顾美味与营养。

海带豆浆

肠道健康，气色才好，"喝"海带会给你不一样的轻松感受。

◆材料 黄豆60克，水发海带30克。

◆做法 1.黄豆用清水浸泡至软，洗净；水发海带洗净，切碎。

2.将水发海带碎和泡好的黄豆一同倒入全自动豆浆机中，加适量水煮成豆浆即可。

豆博士料理

由于全球水质的污染，海带中很可能含有有毒物质砷，所以应先浸泡2～3个小时，中间换2次水。但不要浸泡时间过长，以免其中的水溶性营养物质损失过多。

豆博士叮咛
喝这款豆浆前后不宜饮用茶水，否则会影响海带中铁的吸收。

边喝边聊

当福岛上空的核危机还阴霾未散时，海带因为可抗辐射，成了最受欢迎的盘中餐。但你可知道？其实，海带还能护发、减肥、补钙……俨然一个呵护健康的"全能选手"。比如，日本就盛行用海带与豆腐搭配食用，并认为是"长生不老的妙药"。

黄豆 可促进肌肤的新陈代谢，促使机体排毒，令肌肤常葆青春

+

海带 具有软坚散结、消痰平喘、通行利水等作用，促使放射性物质排出体外

↓

增强解毒功能，阻止人体吸收铅、镉等重金属，抑制放射性元素被肠道吸收

薏米红绿豆浆

滋味更美，色彩更靓，健脾消食，身心舒畅！

薏米 健脾利湿

+

绿豆 清热解毒

↓

健脾利湿、清热解毒的作用较强

◊材料 绿豆、红豆、薏米各30克。

◊做法 1.薏米淘洗干净，用清水浸泡2小时；绿豆、红豆分别淘洗干净，用清水浸泡至软。

2.将泡好的绿豆、红豆、薏米一同倒入全自动豆浆机中，加适量水煮成豆浆即可。

豆博士料理

如果将绿豆、红豆、薏米分别浸泡12小时后再一起碾成粉末，做出的豆浆口感会更加细腻。

边喝边聊

作为女人的贴心"闺蜜"、餐桌上的必备食品和化妆台上的必备美容品，小小的薏米可利水消肿；磨成粉后与煮沸的鲜奶搅拌食用，能消除脸上的斑点和痘痘；将薏米、百合以2:1的比例相配煮糖水，早晚各饮1次，可美白、滋润皮肤。

 豆博士叮咛

薏米性凉，脾虚者不宜多食用，也不宜多饮这款豆浆。

黑豆蜂蜜豆浆

妙不可言的香甜感受！带来一整天的充沛活力和愉快心情。

 黑豆 补肾，有活血、利水、清热解毒的作用

+

 黑米 滋阴补肾

↓

活血利水，滋阴补肾，能改善肾虚引起的腰酸腿软等不适症状

◇材料 黄豆50克，黑豆、黑米各20克，蜂蜜适量。

◇做法 1.将黄豆、黑豆分别浸泡至软，洗净；黑米淘洗干净，浸泡2小时。

2.把黑米和泡好的黄豆、黑豆一同倒入全自动豆浆机中，加入适量水煮成豆浆。

3.将豆浆晾至温热，加入蜂蜜调味即可。

豆博士料理

黑米外部有坚韧的种皮包裹，因此最好先浸泡一夜再用于煮豆浆。

边喝边聊

黑米有种天然的香气，无论怎么吃都不失为理想的滋补食品。比如，做这款豆浆后，再将滤出的豆渣晾至40℃，再加入些黑米粉和发酵粉揉成面团，面团发好后切块蒸成黑米馒头，虽然乌漆麻黑的模样不太好看，但吃着绝对营养，特别香。

豆博士叮咛

优质黑米用温水泡后有天然米香，而染色米无米香、有异味。另外，优质黑米在水洗时才掉色，而染色米一般用手搓就会掉色。

花生豆浆

吃花生的滋补好处不必多言，"喝"花生更能让好处升级。

黄豆 味甘，性平，具有健脾利湿、益血补虚的作用

+

花生 含有维生素E和锌，能增强记忆力、抗衰老

↓

具有滋润皮肤、降血脂、延年益寿的作用

材料 黄豆100克，花生、白糖各适量。

做法 1.将黄豆加适量水泡至发软，捞出洗净；花生去皮。

2.将泡好的黄豆、花生一同放入全自动豆浆机中，加入适量水煮成豆浆即可。

3.将豆浆过滤，趁热加入白糖调味即可。

豆博士料理

核桃同样可滋养脑细胞，增强脑功能，因而可用来代替花生。

边喝边聊

豆花俗称豆腐脑，似豆浆又似豆腐，形容它的词只有4个字：嫩滑绵软。将买来的豆花冷藏后舀入碗中，放入适量花生仁及黄豆浆即可食用，吃起来滑溜顺口，连搭配的花生仁也是入口即化。浓郁豆香，绵绵口感，吃在嘴里，美在心里。

豆博士叮咛
营养不良、食欲不振、咳嗽者及老年人可以常饮这款豆浆。

柠檬花生紫米豆浆

有柠檬淡淡的幽香本已足够，何况又搭配如此多营养？

材料 黄豆浆200毫升，柠檬1/2个，紫米50克，花生10克，冰糖少许。

做法 1.将紫米洗净后浸泡3小时；柠檬洗净，用果汁机打成汁。

2.将泡好的紫米和花生、黄豆浆一同放入全自动豆浆机中，加入适量水煮成豆浆。

3.趁热加入冰糖拌匀，并滴入柠檬汁即可。

豆博士料理

紫米含纯天然营养色素和色氨酸，浸泡时会出现掉色现象，且营养易流失，因此不宜用力搓洗。需要注意的是，浸泡后的红色水也宜同紫米一起用来做豆浆。

豆博士叮咛

优质柠檬果形椭圆，似橄榄球状，成熟者皮色鲜黄，具有浓郁的香气，选购时应注意鉴别。

边喝边聊

柠檬也是女人的贴心水果。闲来泡杯红茶，放几片柠檬，那茶定有一种别样清香。而泡杯柠檬水就更简单了，只要把柠檬洗净去皮、切片，然后放入杯子几片，加水泡一会儿就成了。柠檬水口感酸酸的，超级清爽，还能美容养颜。

紫米 富含多种维生素及铁、锌、钙等微量元素

+

花生 能增强记忆力、抗衰老、滋润肌肤

淡淡的清甜口感能让味觉提升，同时又富含多种营养成分

饴糖补虚豆浆

最近身体好吗？喝碗豆浆补补身吧。

材料 黄豆100克，饴糖50克。

做法 1.将黄豆加入清水浸泡至发软，捞出洗净。

2.将泡好的黄豆放入全自动豆浆机中，加入适量水煮成豆浆。

3.将豆浆过滤，放入饴糖搅匀即可。

豆博士叮咛

由于饴糖具有补益气、健脾和胃、润肺止咳的作用，因此肺虚久咳、气短气喘、干咳少痰者可常饮这款豆浆。脾胃湿热、腹满呕吐者不宜饮用这款豆浆。

营养丰富，具有补虚益阴、养心益肺的作用，因此平时也可经常饮用。

清甜玉米银耳豆浆

清甜味美，营养汁浓，活力全绽放！

材料 黄豆50克，甜玉米粒25克，银耳、枸杞子、白糖各适量。

做法 1.将黄豆加水泡至发软，捞出洗净；枸杞子、银耳加热开水泡发；甜玉米粒洗净。

2.将已经泡好的黄豆、银耳、枸杞子、甜玉米粒全部放入全自动豆浆机中，加入适量水煮成豆浆。

3.将豆浆过滤，加入适量白糖调味即可。

豆博士料理

银耳宜用热开水泡发，泡发后应去掉未发开的部分，特别是银耳根部那些呈淡黄色的东西。

具有促进胃肠蠕动、调中开胃、益肺宁心的作用。

Part 6

清清豆香，四时飘香

本章养生豆浆导读速查表

分类	名称	健康TIPS	页码
春养生机	金橘大米豆浆	理气解郁，养阴润燥，适合春季调养肝脏气机时饮用	第102页
	小麦仁黄豆浆	具有消渴除热、益气宽中、养血安神的作用，适合春天调养气机时饮用	第103页
	鲜山药黄豆浆	补而不滞，不热不燥，可满足春季养肝益气的需要，且能补脾气、益胃阴，所以春季湿气重时也适合饮用	第103页
夏消暑热	清凉薄荷豆浆	具有疏散风热、清热解表、祛风消肿、利咽止痛的作用	第104页
	西瓜酸奶豆浆	口感清新，能快速解除食物的油腻感，调理肠胃，润肠通便	第105页
	红枣山药绿豆浆	可以补中益气，养血安神，消暑凉血	第106页
	绿茶消暑豆浆	清香怡人，口感清新，清热生津止渴，可用于夏季消暑时饮用	第107页
	百合绿茶绿豆浆	有滋阴润燥、清暑解热的作用，适合在夏季炎热的午后饮用	第107页
秋补阴津	糯米百合藕豆浆	辅助调养秋燥咳嗽、肺热干咳等症状	第108页
	枸杞百合豆浆	可以提高免疫力，滋补肝肾，消除烦热，润肺宁心	第109页
	杏仁槐花豆浆	具有生津止渴、润肺定喘的作用，适宜体热者饮用	第110页
	蜜豆浆	润肺，镇咳，化痰，适宜于干咳无痰或燥咳者饮用	第111页
冬藏阳气	栗子燕麦甜豆浆	有养胃健脾、补肾强筋及祛寒的作用	第112页
	黄豆红枣糯米豆浆	补脾，和胃，益气，改善气虚症状	第113页
	红豆胡萝卜小米浆	能益气补血、滋养容颜，还可补充身体所需维生素	第114页

人间好时节，四季饮豆浆

《黄帝内经》中说："（故）智者之生也，必顺四时而避寒暑。"意思是，人体只有顺应四时自然变化，才能提高适应季节与气候变化的能力和健康水平。豆浆作为滋补佳品，性温和，经常饮用对健康大有好处。人间处处好时节，一年四季都适合饮用豆浆。

春饮，滋阴润燥

中医讲究阴阳调和，春季应遵循清补、平补的原则。豆浆中含有人体所需的优质植物蛋白和钙、磷、铁、锌等矿物质及多种维生素，易于被人体吸收。春季还是细菌滋生复活的旺季，人体低抗力弱，常喝豆浆可滋阴润燥，增强免疫力。

夏饮，生津止渴

炎夏酷热难耐，人体消化功能降低，食欲不振，且易出现乏力倦怠、胃部不适等症状，此时宜清淡饮食，注意营养素的搭配。在日常饮食中，可选食牛奶、禽蛋、鱼虾、豆制品及新鲜蔬菜等。如果在夏季饮一杯爽口的解暑豆浆，则可以清凉去火，生津止渴。

秋饮，清肺益气

秋季，气温由热转寒，阳消阴长。饮食宜遵循"养补结合"的原则，以润燥益气为中心，以健脾、补肝、清肺为主要内容，饮食应以清润甘酸、寒凉调配为主。饮用清肺益气的豆浆，可润肺理气、健脾胃、增食欲，如能经常饮用，效果更好。

冬饮，祛寒暖胃

冬令进补应顺其自然，注意养阳，以滋补为主。根据中医"虚则补之，寒则温之"的原则，在膳食中应多吃温性、热性的食物，以提高机体的耐寒能力。每天清晨喝上一碗营养丰富、热量充足的豆浆，能驱散寒邪，促进血液循环、疏通经络、帮助消化。

金橘大米豆浆

把金橘融进豆浆里，味道更美，心气儿更顺！

金橘 理气解郁，化痰止咳，还有解酒作用

+

大米 补中益气，养阴润燥，和五脏，通血脉

↓

理气解郁、养阴润燥，适合春季调养肝脏气机时饮用

♦**材料** 黄豆60克，大米20克，金橘3颗。

♦**做法** 1.将黄豆、大米分别用清水浸泡至软，洗净；金橘去皮后掰成小瓣。

2.将泡好的黄豆、大米一同放入全自动豆浆机中，加适量水煮成豆浆，放入金橘瓣。

3.喝豆浆时直接食用金橘。

豆博士料理

金橘宜在豆浆做好后加入其中泡饮，不宜直接用于做豆浆，这样才能使做出来的金橘豆浆口感更香、更可口。

边喝边聊 ☕ ●●●●●●

在南方的一些城市，人们过年都有摆放金橘增添喜庆的习惯，过完正月十五就将金橘摘下洗净风干，再用盐腌起来。腌好的金橘要捣烂，用少量水稍冲洗一下，加入冰块拌匀，再将橘渣滤除，放入蜂蜜调味饮用，经常饮用，对缓解咽喉痛非常有效。

😊 豆博士叮咛

金橘虽可调理肝脏气机，但脾弱气虚的人仍不宜多食，可将少量金橘打成汁后直接放入豆浆饮用。

小麦仁黄豆浆

香浓的纯豆浆——春天调养生机的传统力作。

◇材料 黄豆30克，小麦仁20克。

◇做法 1.将黄豆用清水浸泡至软，洗净；小麦仁洗净。

2.将小麦仁和泡好的黄豆一同放入全自动豆浆机中，加入适量水煮成豆浆即可。

😊 **豆博士叮咛**

小麦不宜选用磨得过于精细的，否则会损失大量维生素、矿物质等营养素。

健康TIPS

具有消渴除热、益气宽中、养血安神的作用，适合春天调养气机时饮用。

鲜山药黄豆浆

喜欢吃山药的你，是否尝过这碗香气浓郁的豆浆？让心情从此舒畅……

◇材料 黄豆50克，鲜山药30克。

◇做法 1.将黄豆用清水浸泡至软，洗净；鲜山药切成小丁。

2.将泡好的黄豆与鲜山药丁一同放入全自动豆浆机中，加入适量水煮成豆浆即可。

健康TIPS

补而不滞，不热不燥，可满足春季养肝益气的需要，且能补脾气、益胃阴，所以春季湿气重时也适合饮用。

😊 **豆博士叮咛**

糖尿病患者不宜过量饮用这款豆浆。

清凉薄荷豆浆

暑热难消，什么最解渴？一碗清清凉凉的豆浆就不错。

绿豆 可以清热解毒、清洁肌肤

+

薄荷 清香升散，具有疏风散热、清头目、利咽喉、透疹、解郁的作用

↓

具有疏散风热、清热解表、祛风消肿、利咽止痛的作用

♀材料 绿豆、黄豆各50克，大米、薄荷叶、白糖各适量。

♀做法 1.将黄豆、绿豆和大米分别用清水浸泡至软，洗净；薄荷叶洗净，切碎。

2.将泡好的黄豆、绿豆、大米及薄荷叶碎一同放入全自动豆浆机中，加入适量水煮成豆浆。

3.将豆浆过滤，加入白糖调味即可。

豆博士料理

薄荷叶切忌久煮，以免营养流失。

豆博士叮咛
阴虚发热、血虚眩晕者应少饮这款豆浆。

边喝边聊 ☕ ● ● ● ● ● ● ●

如果你喜欢百度搜索，就会发现很多减肥网站、论坛的名字或标志都与薄荷有关，因为薄荷自古就是瘦身良药。花之貌是天生的，你的身材却可以依靠薄荷来塑造。比如，用薄荷与薰衣草、蜂蜜一起泡茶喝，既好喝，也很享"瘦"，很美。

西瓜酸奶豆浆

出了一身汗，喝碗西瓜浆，胃口更好、吃饭更香！

材料 西瓜20克，酸奶100毫升，黄豆浆200毫升。

做法 1.将西瓜去皮、核，切小块。

2.将西瓜块和黄豆浆一同放入全自动豆浆机中煮成豆浆即可。

3.将豆浆过滤，加入酸奶调味即可。

豆博士料理

应在这款豆浆做好以后再放酸奶，因为酸奶中含有活性乳酸菌，如果加热便会大量死亡，这样制作出来的豆浆，不仅风味尽失，营养也会损失殆尽。

豆博士叮咛
酸奶中所含的酸性物质对牙齿有一定危害，经常食用，容易导致龋齿，所以饮用这款豆浆后最好及时漱口。

边喝边聊

酸奶做豆浆，滋味爽不爽？其实，豆浆也可以做酸奶。将容器消毒，把200毫升稠密的黄豆浆与100毫升牛奶混合加热至40℃左右，放入容器；倒入100毫升原味酸奶混匀，发酵8～10小时后放入冰箱冷藏；食用时，用蜂蜜或果丁调味即可。

西瓜 清热解暑、解烦渴，润肠通便

+

酸奶 富含益生菌，有益于肠胃健康

↓

口感清新，能快速解除食物的油腻感，调理肠胃，润肠通便

红枣山药绿豆浆

来碗补益气血的好滋味豆浆，一定让全家都喜欢。

红枣 补中益气，养血安神

+

绿豆 性凉、味甘，有凉血解毒的作用

↓

可以补中益气，养血安神，消暑凉血

♀材料 红枣、绿豆、黄豆各50克，山药20克，白糖适量。

♀做法 1.将绿豆、黄豆分别洗净，浸泡至发软；红枣洗净去核，加温水浸泡；山药去皮，切片。

2.将泡好的绿豆、黄豆与红枣、山药一同放入全自动豆浆机中，加适量水煮成豆浆。

3.将豆浆过滤，加入适量白糖调味即可。

豆博士料理

如来不及浸泡绿豆，可将绿豆用沸水浸泡10分钟，冷却后放入冰箱冷冻4小时，取出后便可用来煮豆浆。

边喝边聊 ☕●●●●●●

很多人都知道，用绿豆煮汤有消暑益气、清热解毒的作用，但你知道吗？绿豆的消暑之功在皮，而解毒之功在内，要"对症"来吃才能起到作用。所以，喝绿豆汤消暑时，不用把豆子也一起吃进去，你只要喝清汤就能起到消暑的作用。

> **😊 豆博士叮咛**
>
> 体内有湿热者不宜多食红枣，否则易出现口渴、腹胀等不良反应，因而也应少饮这款豆浆。

绿茶消暑豆浆

将夏日的火热变幻成清新怡人的风情吧！

材料 黄豆45克，大米60克，绿茶8克。

做法 1.将黄豆用清水浸泡至软，洗净；大米淘洗干净。

2.将泡好的黄豆、大米一同放入全自动豆浆机中，加适量水煮开，再加入绿茶煮成豆浆。

豆博士叮咛

煮豆浆时最好后放绿茶，因为煮绿茶的时间如果过长，就容易影响豆浆的口感及作用。

健康TIPS

清香怡人，口感清新，清热生津止渴，可用于夏季消暑时饮用。

百合绿茶绿豆浆

炎热的午后，清香的绿茶绿豆浆让你倦意全消！

材料 黄豆50克，绿豆6克，绿茶、百合、白糖各适量。

做法 1.将黄豆、绿豆加水泡至发软，捞出洗净；百合洗净。

2.将黄豆、绿豆、百合一同放入豆浆机中，加适量水煮开，再加入绿茶煮成豆浆。

3.将豆浆过滤，加入白糖调味即可。

健康TIPS

有滋阴润燥、清暑解热的作用，适合在夏季炎热的午后饮用。

豆博士叮咛

饮这款豆浆前后1小时，不宜送服药物。

糯米百合藕豆浆

秋意渐浓，却仍能在此间找到夏日清润的感觉。

莲藕 润肺止咳，止渴，适合秋天燥咳者食用

+

百合 入心、肺二经，润肺止咳，对肺热干咳、肺弱气虚等症都有辅助调养作用

↓

辅助调养秋燥咳嗽、肺热干咳等症状

♀材料 黄豆50克，莲藕30克，糯米20克，百合5克，冰糖适量。

♀做法 1.黄豆用清水浸泡至软，洗净；糯米淘洗干净，用清水浸泡2小时；百合用清水泡发，洗净切末；莲藕去皮，洗净切末。

2.把以上处理好的材料一同倒入全自动豆浆机中，加入适量水煮成豆浆。

3.将豆浆过滤，加冰糖调味即可。

豆博士料理

将去皮后的莲藕放在醋水中浸泡5分钟，捞起擦干，可使其不变色。

边喝边聊

糯米与莲藕不仅可以一起煮豆浆，还能用于做凉菜，口味清甜滋润，制作也不复杂。先把泡软的糯米塞满莲藕的孔洞，再将红枣、枸杞子、糯米、莲藕与冰糖一起煮熟，捞起切片，淋上桂花蜜，再用菊花瓣装饰，即大功告成。

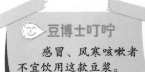

☺豆博士叮咛

感冒、风寒咳嗽者不宜饮用这款豆浆。

枸杞百合豆浆

唇间飘香，心神安然，令人忘却晚秋的悲凉！

枸杞子 可提高机体免疫力，滋补肝肾，抗衰老

＋

百合 可消除烦热，润肺宁心

↓

可以提高免疫力，滋补肝肾，消除烦热，润肺宁心

♀材料 黄豆50克，百合、枸杞子各适量。

♀做法 1.将黄豆用清水浸泡至软，洗净；百合瓣成小瓣；枸杞子洗净。

2.将泡好的黄豆倒入全自动豆浆机中，加入适量水煮成豆浆。

3.将百合花瓣和枸杞子一同放入做好的豆浆中拌匀即可。

豆博士料理

枸杞子有酒味时，说明已经变质，不可用于做豆浆。

边喝边聊

"百年好合梦虽远，任凭人间雨凄凄"，百合从来就是友好和睦的象征。南方民间逢喜庆节日，就有将百合做成糕点待客的习俗，而广东人则更喜欢用百合、莲子煲糖水，加冰糖、桂花调味，润肺补气。其实，这样好的糖水原本四季皆宜饮用。

😊 **豆博士叮咛**

感冒发热时，最好不要饮用这款豆浆。

杏仁槐花豆浆

"郁郁芬芳醉万家"，秋燥来袭时，就用这清香美味来润润肺吧！

杏仁 含有蛋白质、胡萝卜素、多种维生素及矿物质，有助于预防心血管疾病

+

槐花 具有凉血、止血、泻火的作用

↓

具有生津止渴、润肺定喘的作用，适宜体热者饮用

🔘 **材料** 黄豆40克，杏仁5克，槐花3朵，蜂蜜适量。

🔘 **做法** 1.将黄豆用清水浸泡至软，洗净；槐花掰成小瓣；杏仁洗净。

2.将泡好的黄豆和新鲜的杏仁倒入全自动豆浆机中，加入适量水煮成豆浆。

3.将槐花瓣和蜂蜜一同放入做好的豆浆中拌匀即可。

豆博士料理

杏仁分为甜杏仁和苦杏仁，制作这款豆浆时宜用苦杏仁，以取得较好作用，但需注意控制好用量。

豆博士叮咛
脾胃虚寒者应少饮或不饮这款豆浆。

边喝边聊 ☕

槐花之香本属于夏日香气，香得如火如荼、沁人心脾、欲罢还休。而用槐花做蜜饮，却更适合抵挡"猛于虎"的秋燥。将一小把槐花洗净，调入蜂蜜，冲入温开水……简单得让你意想不到，却会让你迷乱，让你陶醉，忘却夏日与秋天的界线。

蜜豆浆

丝丝蜜意，袅袅清香，沁人心肺……

材料 黄豆浆200毫升，蜂蜜2匙。

做法 1.将黄豆浆倒入全自动豆浆机中，煮至熟透后倒入碗中。

2.待豆浆晾到60℃左右时，将蜂蜜放入做好的豆浆中拌匀即可。

豆博士料理

多食蜂蜜可令人腹泻，所以脾胃虚寒者做这款豆浆时应少放蜂蜜。

豆博士叮咛
呕吐中满、饮酒者不宜饮用这款豆浆。

边喝边聊 ☕ ●●●●●●●

经历了伏夏，秋燥的感觉越来越浓，如何才能养肺护肺、抵挡燥气？古代的养生家们早有良方："朝朝盐水，晚晚蜜汤"，即白天喝盐水，晚上喝蜜水，既补充水分，又防秋燥。此外，取雪梨隔水炖后加蜂蜜食用，也可润肺润燥。

黄豆浆 能清肺火，润燥化痰

+

蜂蜜 性平、味甘，具有润肺、镇咳的作用

↓

润肺，镇咳，化痰，适宜于干咳无痰或燥咳者饮用

栗子燕麦甜豆浆

寒冷的冬天里，一碗热豆浆相伴，总能勾起对家的思念！

栗子 养胃健脾，补肾强筋，活血止血，对人体有较强的滋补功能

+

燕麦 能补充人体所需的多种营养素，并帮助人体维持新陈代谢

↓

有养胃健脾、补肾强筋及祛寒的作用

◇材料 黄豆100克，栗子、燕麦、白糖各适量。

◇做法 1.将黄豆加水泡至发软，捞出洗净；栗子去皮，切成小块。

2.将黄豆、栗子块、燕麦一同放入全自动豆浆机中，加入适量水煮成豆浆。

3.将豆浆过滤，加入适量白糖调味即可。

豆博士料理

栗子巧去皮：用刀将栗子切成两瓣，去掉外壳后放入盆里，加开水浸泡一会儿，用筷子搅拌，栗子皮就会脱去。但浸泡时间不宜过长，以免营养丢失。

边喝边聊 ☕

好吃又好剥的糖炒栗子是冬日里街头的一大特色，而一碗栗子大米豆浆也绝不亚于糖炒栗子的诱惑。将适量栗子去壳去皮，掰成小块，与淘洗后的大米及泡好的黄豆一起放入豆浆机中煮成豆浆，不但醇厚香浓，还能补肾气，御寒气。

☺ **豆博士叮咛**
脾胃虚弱、消化不良者应少饮这款豆浆。

黄豆红枣糯米豆浆

红枣与糯米，交相辉映的醇香……

糯米 能缓解气虚所导致的盗汗及过度劳累后出现的气短乏力等症状

＋

红枣 补脾和胃、益气生津，可改善脾气虚所致的食欲不振症状

↓

补脾，和胃，益气，改善气虚症状

♦材料 黄豆60克，红枣10克，糯米20克。

♦做法 1.黄豆用清水浸泡至软，洗净；糯米淘洗干净，用清水浸泡2小时；红枣洗净，去核，切成碎末。

2.将全部材料一同倒入全自动豆浆机中，加入适量水煮成豆浆即可。

豆博士料理

桂圆与红枣一样，也具有补气作用，因而可用来代替红枣。

边喝边聊 ●●●●●●●●

冬补佳期的一碗好豆浆，很滋润吧！若是做个红枣糯米饭，你也同样会爱不释口。将糯米蒸至将熟，拌入瓜子仁、红糖及色拉油，放入装有红枣的碗底，蒸透后翻扣盘中即可。寒冬里的香甜问候，温暖人心，还能帮你瘦身呢！

豆博士叮咛

糯米的滋补作用较强，且具有御寒作用，所以体质虚弱者最适合在冬季饮用这款豆浆。

红豆胡萝卜小米浆

简单打理一下，就摆弄出全方位的营养来了……

小米 含优质蛋白质，具有清热健胃、滋阴养血和止呕的作用

+

胡萝卜 增强人体免疫力，防止血管硬化，降低胆固醇

↓

能益气补血、滋养容颜，还可补充身体所需维生素

♦材料 红豆50克，小米、胡萝卜、冰糖各适量。

♦做法 1.将红豆加水泡至发软，捞出洗净；小米淘洗净；胡萝卜洗净切小丁。

2.将小米、红豆、胡萝卜一同放入全自动豆浆机中，加入适量水煮成豆浆。

3.将豆浆过滤，加入适量冰糖调味即可。

豆博士料理

清洗胡萝卜时加少量碱水，泡5～15分钟后用清水冲洗，可有效去除残留农药。

边喝边聊 ☕ ●●●●●●●●

清水小米熬成粥，在大多数人眼中，也许小米粥就应该这么做。其实，用黄豆浆来煮小米粥，那才叫爽！在口感上，小米能中和黄豆浆的涩味，令豆浆入口更加柔软；在营养上，二者可达到非常适合的互补，晚餐时喝上一碗，既营养又助眠。

😊 豆博士叮咛

优质小米闻起来有清香味、无其他异味，品尝后口感微甜，购买时应注意鉴别。

Part 7

有滋有味的豆浆食疗

本章养生豆浆导读速查表

分类	名称	健康TIPS	页码
高血压	黑青豆薏米豆浆	可以促进血液流通，适宜于痰湿内阻所致高血压患者饮用	第118页
高血压	黄豆桑叶黑米浆	维持血管弹性，降低血压，改善高血压症状	第119页
糖尿病	南瓜黄豆豆浆	健胃清肠，降低胆固醇，控制高血糖，还能提高人体免疫力	第120页
糖尿病	黑豆玉米须燕麦豆浆	增强胰腺功能，促进胰岛素分泌，对抗血糖升高	第121页
高脂血症	荞麦山楂豆浆	调节脂质代谢，软化血管，显著降低甘油三酯和胆固醇	第122页
高脂血症	柠檬陈皮薏米豆浆	促进胆固醇分解，降低血液中胆固醇水平	第123页
脂肪肝	燕麦苹果豆浆	降低血液胆固醇浓度，防止脂肪聚集，对脂肪肝有一定的改善作用	第124页
脂肪肝	荷叶豆浆	减少脂肪在肝脏的堆积，降低血清总胆固醇，对脂肪肝有改善作用	第125页
骨质疏松	牛奶黑芝麻豆浆	营养互补，更有利于补充钙质	第126页
骨质疏松	南瓜子十谷米浆	易消化，具有极佳的补钙作用	第127页
贫血	桂圆红豆豆浆	补脾养血，改善心血不足及贫血头晕等症状	第128页
贫血	红枣花生豆浆	可养血补血，补虚，身体虚弱的贫血患者宜饮用	第129页
便秘	甘薯山药燕麦豆浆	富含膳食纤维，润肠，滋养脾胃，可助消化及降低血糖	第130页
便秘	香蕉可可豆浆	润肠通便，可以有效缓解饮食不均衡引起的便秘	第131页
便秘	西瓜草莓豆浆	口感清新，能快速解除食物的油腻感，调理肠胃，使大便通畅	第132页
便秘	玉米渣小米豆浆	富含膳食纤维，润肠通便，可用于预防便秘	第133页
失眠	小米百合葡萄干豆浆	宁心安神，可改善肝肾亏虚和气血虚弱引起的失眠	第134页
失眠	高粱小米豆浆	健脾养胃，提高睡眠质量，可改善脾胃失和引起的失眠	第135页
失眠	百合安神豆浆	滋阴润燥，益胃生津，补气和血，清心安神，可有效改善睡眠质量	第136页
失眠	枸杞莲子黄豆浆	具有安神、助眠的作用，可用于调理神经衰弱引起的失眠症状	第137页
过敏	洋甘菊豆浆	抗氧化、抗衰老，改善过敏症状	第138页
过敏	红枣大麦豆浆	有助于缓解过敏症状	第139页
过敏	芝麻黑枣黑豆浆	补益肝肾，祛风解毒，润肤，增强免疫力，可用于过敏症状缓解期的调养	第140页

在似药非药的美味中享受健康

豆浆是一种老幼皆宜、价廉质优的液态营养品，所以大部分人都把豆浆当成饮料。其实，豆浆中含有多种具有保健作用的成分，还是个食疗保健的多面手呢！

◎豆浆中所含的不饱和脂肪酸可防止胆固醇在血管壁沉积，预防动脉粥样硬化的发生。

◎豆浆中所含的大豆皂苷能降低血胆固醇和甘油三酯的含量，并清除自由基，抑制癌细胞生长，调节免疫能力。

◎豆浆中所含的大豆异黄酮对骨质疏松、更年期综合征、心血管疾病、乳腺癌、结肠癌、前列腺癌等病症有一定的预防作用。

◎豆浆中所含的大豆卵磷脂能生成和修复细胞膜，降低胆固醇和甘油三酯的含量，强化大脑功能，从而起到一定的预防老年痴呆的作用。

◎豆浆中含有的大豆寡糖有助于体内双歧杆菌的生长，而肠道内双歧杆菌的数量多，则肠胃功能会更良好。

◎豆浆含有大量膳食纤维，能有效地减少糖尿病患者对糖分的过量吸收，因而能起到一定的预防糖尿病的作用。

◎成年女性的雌激素水平会逐渐降低，罹患各种疾病的概率也明显增加。鲜豆浆中含有大量的植物雌激素、大豆异黄酮、大豆蛋白等，对乳腺癌、子宫癌等癌症有一定的预防作用。

因此，在日常生活中多饮用豆浆，能令你一边享受似药非药的美味，一边不知不觉地享受到健康的滋味。

黑青豆薏米豆浆

血管与神经都在这一刻松弛，倾听血液畅流的声音……

黑豆 能扩张血管、促进血液流通，从而能在一定程度上缓解高血压症状

+

薏米 利水祛湿，适宜于痰湿内阻所致的高血压患者食用

↓

可以促进血液流通，适宜于痰湿内阻所致高血压患者饮用

材料 黑豆50克，青豆、薏米各25克，冰糖适量。

做法 1.将黑豆和青豆用清水浸泡至软，洗净；薏米淘洗干净，用清水浸泡2小时。

2.将浸泡好的黑豆、青豆和薏米一同倒入全自动豆浆机中，加入适量水煮成豆浆。

3.将豆浆过滤，加入冰糖调味即可。

豆博士料理

制作豆浆时，可以将冰糖块碾碎后放到豆浆中，更容易化开。

边喝边聊

豆浆与豆渣"本是同根生"，所以不管做什么豆浆，最好能想办法把豆渣也一起吃掉。只要做得好吃，吃得习惯，豆渣就是一款美食。因为豆渣中富含膳食纤维，尤其适合高血压、糖尿病患者食用。比如，炒豆渣或做豆渣肉丸，都是很不错的选择。

豆博士叮咛

黑豆是高蛋白食品，会增加肾脏负担，所以肾功能衰竭患者不宜饮用这款豆浆。

黄豆桑叶黑米浆

清补降压，别有韵味！上一秒的香醇体验，下一秒的回味无穷……

黑米 具有维持血管弹性的作用，可用来预防高血压

+

桑叶 有降低血压的作用，可改善高血压症状

↓

维持血管弹性，降低血压，改善高血压症状

材料 黄豆50克，黑米20克，新鲜桑叶10克。

做法 1.黄豆用清水浸泡至软，洗净；黑米淘洗干净，用清水浸泡2小时，淘洗干净；新鲜桑叶洗净后备用。

2.将泡好的黄豆、黑米和新鲜桑叶一同倒入全自动豆浆机中，加入适量水煮成豆浆即可。

豆博士料理

做这款豆浆时，黑米也可用作用相似的紫米来代替。

边喝边聊

古书中称桑叶为"神仙叶"，像人参一样滋补，但人参属热补，桑叶却属清补，无论老幼、不分四季，皆宜食用。近代名医张山雷认为：桑叶以老而经霜者为佳，越是经过风霜磨砺的桑叶，降压作用就越好，就如经历风雨的人生才更有韵味一样。

豆博士叮咛

桑叶性寒，有风寒感冒、鼻塞、咳嗽等症状者不宜饮用这款豆浆。

南瓜黄豆豆浆

那一丝淡香入胃，长久以来对食物的担心蓦然逃离……

黄豆 大豆蛋白和豆固醇可明显改善和降低血脂，有降低心血管病发生概率的作用

+

南瓜 含有大量果胶，能降低血清胆固醇和糖的吸收，因而具有降低血糖的作用

↓

健胃清肠，降低胆固醇，控制高血糖，还能提高人体免疫力

◇材料 黄豆60克，南瓜30克。

◇做法 1.黄豆用清水浸泡至软，洗净；南瓜去皮、瓤和子，洗净后切小粒。

2.将泡好的黄豆和南瓜粒一同倒入全自动豆浆机中，加入适量水煮成豆浆即可。

豆博士料理

南瓜皮中也含有丰富的营养，因此制件豆浆时不宜去掉太多。

边喝边聊

家常的老南瓜原来还有降糖的妙用！先取50克绿豆煮至开花，再与200克老南瓜块同煮至烂熟，放入食盐调味。在炎热的夏天食用，不但可以防暑解渴、愉悦身心，还是降糖的理想饮料。不过，南瓜中毕竟含有糖分，每次食用还是适量为好。

豆博士叮咛

南瓜也是很好的暖胃食物，素体虚寒者可常饮这款豆浆。

黑豆玉米须燕麦豆浆

降糖"三侠客"，食疗好组合，让你的抗糖之路不再寂寞……

材料 黑豆50克，燕麦、玉米须各20克。

做法 1.将黑豆用清水浸泡至软，洗净；燕麦淘洗干净，用清水浸泡2小时；玉米须洗净，剪碎末。

2.将泡好的黑豆、燕麦和玉米须末一同倒入全自动豆浆机中，加入适量水煮成豆浆即可。

豆博士料理

做这款豆浆时，玉米须宜剪成碎末，以免做豆浆时缠绕在刀片的搅拌棒上。

😊豆博士叮咛

玉米须利水作用强，所以肾功能不全者不宜饮用这款豆浆。

边喝边聊

也许你尝试过无数的降糖食品，却怎么也想不到，几缕玉米须就能解除长久的烦恼。其实，南方民间早就有用玉米须加瘦猪肉煮汤以缓解糖尿病的事例，《岭南采药录》中就有记载。此外，用玉米须泡水饮用或煮粥食用，也都有不错的辅助降糖效果。

黑豆 能促进胰岛素分泌，延缓糖类吸收，从而降低血糖值

＋

玉米须 具有对抗外源性葡萄糖引起的血糖升高的作用

↓

增强胰腺功能，促进胰岛素分泌，对抗血糖升高

荞麦山楂豆浆

果味与麦香的混合，那是什么滋味？

荞麦 所含的生物类黄酮可以降低血脂，软化血管

+

山楂 能调节脂质代谢，显著降低血清胆固醇及甘油三酯

↓

调节脂质代谢，软化血管，显著降低甘油三酯和胆固醇

材料 黄豆60克，荞麦25克，山楂10克，冰糖适量。

做法 1.将黄豆用清水浸泡至软，洗净；荞麦淘洗干净，用水浸泡2小时；山楂洗净，去蒂、粒。

2.将泡好的黄豆、荞麦和山楂一同倒入全自动豆浆机中，加适量水煮成豆浆。

3.将豆浆过滤，加冰糖拌匀调味即可。

豆博士料理

如果嫌山楂的味道太酸，可以将山楂去核，用盐水浸泡5分钟，再放入豆浆机搅打，酸味会减少很多。

边喝边聊

山楂是个"清道夫"，清除脂质的本事大得很。一般能与山楂配伍的食材也都很"靠谱"，如将山楂与同样降脂的干荷叶、薏米、甘草以5：2：2：1的比例共研细末，每日取少量、用沸水冲，代为淡茶饮用，降脂的强大作用，你绝对想不到。

豆博士叮咛

山楂所含的果酸较多，胃酸分泌过多者不宜饮用这款豆浆。

柠檬陈皮薏米豆浆

别被清香迷惑，清香背后还有更动人的"故事"……

陈皮 果胶可以降低胆固醇，防止脂肪聚集

＋

柠檬 有促进胆固醇分解的作用，可有效降低胆固醇水平

↓

促进胆固醇分解，降低血液中胆固醇水平

🥄**材料** 红豆50克，薏米30克，蜜炼陈皮、蜜炼柠檬片各10克，冰糖适量。

🥄**做法** 1.红豆淘洗干净，用水浸泡至软；薏米淘洗干净，用水浸泡2小时；陈皮、柠檬片均切碎末。

2.将泡好的红豆、薏米、陈皮末和柠檬末一同倒入全自动豆浆机中，加入适量水煮成豆浆。

3.将豆浆过滤，加冰糖拌匀调味即可。

豆博士料理

柠檬片的味道过于鲜烈，可以多加些冰糖调和口味。

边喝边聊

柠檬之香鲜烈异常，有些人可能接受不了，那就做个饮品吧。用柠檬榨汁就是很好的选择，常食肌肤光洁柔嫩，还能降血脂。若再做个柠檬蜜膏，没事儿吃两勺，就更锦上添花了。将500克柠檬连皮洗净榨汁，调入蜂蜜熬至黏稠，随食随取即可。

😊**豆博士叮咛**
陈皮性温燥，有实热者应少饮这款豆浆。

燕麦苹果豆浆

比燕麦更香点儿，比苹果更甜点儿，比期待的更多点儿……

燕麦 亚油酸和皂苷素具有降低血清胆固醇和甘油三酯的作用

+

苹果 果胶能降低胆固醇浓度，防止脂肪聚集

↓

降低血液胆固醇浓度，防止脂肪聚集，对脂肪肝有一定的改善作用

🔹**材料** 黄豆50克，燕麦、苹果各30克。

🔹**做法** 1.黄豆用清水浸泡至软，洗净；燕麦淘洗干净，用水浸泡2小时；苹果洗净，去蒂、核，切小块。

2.将泡好的黄豆、燕麦和苹果块一同倒入全自动豆浆机中，加适量水煮成豆浆即可。

豆博士料理

苹果用水浸湿后在表皮放少许盐，用双手握着苹果来回轻轻地搓，这样表面的脏东西很快就能清除干净，再用水冲干净，就可用于做豆浆了。

😊豆博士叮咛

苹果尽量不要削皮，因为苹果中的维生素和果胶等营养成分大多含在皮和近皮部分。

边喝边聊 ☕ ●●●●●●●

小小的燕麦所拥有的巨大能量可能是你从未想到的。与某些人的节食减肥相比，用燕麦作为早餐，减掉身上那几斤多余的脂肪，轻而易举！每天早上，无论你打算花费30分钟还是30秒钟来准备燕麦早餐，都能从中获得更多的美味与营养。

荷叶豆浆

"荷叶罗裙一色裁"，那醇滑的色彩，只是看着，就已醉了。

♦**材料** 黄豆50克，鲜荷叶30克，冰糖适量。

♦**做法** 1.将黄豆用清水浸泡至软，洗净；鲜荷叶洗净，切丝。

2.将泡好的黄豆和鲜荷叶丝一同倒入全自动豆浆机中，加入适量水煮成豆浆。

3.将豆浆过滤，加冰糖调味即可。

豆博士料理

做豆浆前将荷叶切成丝，能使荷叶的营养较为充分地释放出来。

豆博士叮咛
荷叶性凉，身体瘦弱、气血虚弱者应少饮这款豆浆。

边喝边聊

还记得那句诗吗？——"接天连叶无穷碧，映日荷花别样红"。荷花盛开的季节，到处都是女人的世界，荷叶愿为你的美再添些许点缀。取荷叶粉、面粉各10克，加水调糊敷面，20分钟后洗净即可，清清爽爽的紧肤面膜，让脸庞漂漂亮亮。

黄豆 大豆蛋白和豆固醇可明显改善和降低血脂

+

荷叶 可减少脂肪在肝脏堆积，降低血清总胆固醇

↓

减少脂肪在肝脏的堆积，降低血清总胆固醇，对脂肪肝有改善作用

125

牛奶黑芝麻豆浆

奶香荡漾，还有黑芝麻助力，"钙"极了！

黑芝麻 钙含量非常高

+

牛奶 含有乳糖和维生素D，能促进钙质吸收

↓

营养互补，更有利于补充钙质

◊材料 黄豆50克，牛奶100毫升，黑芝麻10克。

◊做法 1.将黄豆用清水浸泡至软，洗净；黑芝麻洗净后沥干水分，碾碎末。

2.将泡好的黄豆和黑芝麻一同倒入全自动豆浆机中，加入适量水煮成豆浆。

3.将豆浆过滤后加牛奶拌匀调味即可。

豆博士料理

将黑芝麻碾成碎末的简单方法：先将其炒熟，然后再用擀面杖碾压，即可轻松碾碎。

边喝边聊

考你个问题：补钙时，选择牛奶好还是黑芝麻好？——告诉你吧，同重量的黑芝麻的含钙量是牛奶的18倍，所以你应该选择黑芝麻。用2~3匙黑芝麻粉冲泡黑芝麻糊，每天喝两杯来代替牛奶，能让你的身体很"钙"，很健康。

😊 豆博士叮咛

牛奶最好存放在密闭的纸箱中，若将其暴露在光线下，会降低营养成分的含量。

南瓜子十谷米浆

浓香米浆，意犹未尽，最实在的关怀！

十谷米 营养丰富，含有多种营养成分

+

南瓜子 富含脂肪、蛋白质、维生素C及尿酶、南瓜子氨酸等营养素

易消化，具有极佳的补钙作用

♀材料 十谷米（包含糙米、黑糯米、小米、小麦、荞麦、芡实、燕麦、莲子、麦片和薏米）50克，南瓜子5克，黄豆浆300毫升，白糖适量。

♀做法 1.十谷米洗净，浸泡约2小时。

2.将泡好的十谷米和南瓜子一同放入全自动豆浆机中，加入黄豆浆和适量清水煮成米浆。

3.加入白糖拌匀调味即可。

豆博士料理

在这款豆浆中，芡实具有补脾和固涩作用，所以脾胃差者在做这款豆浆时，可稍增加芡实的用量，但用量也不宜过高。

实验发现，黄豆用清水泡3天后再用于做豆浆，就会破坏其中含有的影响钙质吸收的植酸，从而更有利于预防骨质疏松。另外，用这样的黄豆做豆浆，出浆率也很高。当然，如果你时间比较充裕，最好每天早晚都各换1次水。

☺ 豆博士叮咛

南瓜子热量较高，胃热患者宜少食，也应少饮这款豆浆。

桂圆红豆豆浆

浅饮小酌，浓香直窜口鼻；品咂余味，营养已入心间。

桂圆 补脾益气、养血安神，可改善贫血引起的头晕

+

红豆 行气补血，尤其对补心血有益，心血不足的女性非常适合食用

↓

补脾养血，改善心血不足及贫血头晕等症状

材料 红豆50克，桂圆肉30克。

做法 1.将红豆淘洗干净，用清水浸泡至软；桂圆肉切碎末。

2.将泡好的红豆和桂圆肉末倒入全自动豆浆机中，加入适量水煮成豆浆即可。

豆博士料理

选择材料时，用干桂圆肉或鲜桂圆肉均可，如果用干品，则用量要酌减。

边喝边聊

老话说："女人是补出来的"，的确，选择美容养颜的食物可以给肌肤更多的美丽支撑。桂圆就是上天赐给女人的补血佳品。夜晚来临时，操劳一天的你用20克桂圆干煮成桂圆养颜汤，饮后不仅会疲乏尽消，坚持适量服用还能漂亮不少。

豆博士叮咛

桂圆性温热，内有痰疾者及患有热病者不宜饮用，孕妈妈更不宜饮用。

红枣花生豆浆

"大腕"级的营养组合，最贴心的呵护！

♀材料 黄豆60克，红枣、花生各15克，冰糖适量。

♀做法 1.将黄豆用清水浸泡至软，洗净；红枣洗净，去核后切碎末；花生挑净杂质，洗净备用。

2.将泡好的黄豆、红枣末和花生一同倒入全自动豆浆机中，加入适量水煮成豆浆。

3.将豆浆过滤，加冰糖调味即可。

豆博士料理

大家都知道，红枣可以补血养颜，其实，黑枣也具有同样的作用，所以做这款豆浆时，可用黑枣来代替红枣，但要控制好量。

豆博士叮咛

肠胃虚弱者饮用这道豆浆时，不宜同时吃黄瓜、螃蟹，否则容易发生腹泻。

红枣 富含钙和铁，对预防和缓解骨质疏松和贫血有重要作用

＋

花生 有健脾益胃、益气养血、通便滑肠的作用

↓

可养血补血，补虚，身体虚弱的贫血患者宜饮用

热乎乎的红枣花生豆浆暖心暖胃，补身补血。其实，用红枣、花生煮碗粥，也有这样温暖，这般滋补。先将100克花生仁煮烂，加入200克糯米，烧开后加入50克红枣煮成粥，食用时加入红糖调味即可，粥稠甜香，养颜润肤。

甘薯山药燕麦豆浆

给肠胃来一次最舒适的"按摩"……

甘薯 补中和血，益气生津，宽肠胃

+

山药 健脾益胃，助消化，滋肾益精，还有降低血糖的作用

↓

富含膳食纤维，润肠，滋养脾胃，可助消化及降低血糖

♀材料 甘薯、山药各50克，黄豆30克，燕麦适量。

♀做法 1.将黄豆洗净，加水泡至发软，捞出；甘薯、山药分别去皮、切丁，山药入沸水中汆烫后捞出沥干；燕麦加入适量水浸泡。

2.将全部材料一同放入全自动豆浆机中，加入适量水煮成豆浆即可。

豆博士料理

新鲜山药切开时，黏液中的植物碱成分易使手产生麻痒感，可戴上卫生手套切。

边喝边聊

传说乾隆皇帝晚年患有便秘，治后效果欠佳。一次，御膳房送来烤甘薯，乾隆食后大喜，此后天天都吃，而便秘居然不药而愈了。不要质疑甘薯缓解便秘的本事！经常便秘者将甘薯块和粳米同煮粥，加白糖调味，也能得到与"皇帝"一样的待遇。

😊豆博士叮咛

甘薯中的"气化酶"不经高温破坏，吃后会产生不适感，所以一定要煮透再食用。

香蕉可可豆浆

"润物细无声"——用到这里刚刚好。

香蕉 性寒、味甘，可生津止渴，润肺滑肠

+

蜂蜜 生津止渴，润肺开胃，润喉通肠

↓

润肠通便，可以有效缓解饮食不均衡引起的便秘症状

◊**材料** 黄豆50克，香蕉1/3根，可可粉2小匙，蜂蜜适量。

◊**做法** 1.将黄豆用清水浸泡至软，洗净；香蕉剥皮，切条。

2.将泡好的黄豆、香蕉条一同放入全自动豆浆机中，加入适量水煮成豆浆。

3.趁热加入可可粉拌匀，凉凉后加入蜂蜜调味即可。

豆博士料理

做这款豆浆时，如果要选蜂蜜，就应选用天然成熟的纯正蜂蜜，这样才能真正取得润肠通便的效果。

边喝边聊

便秘后，很多人都会想到吃香蕉，但几根香蕉下肚，便秘往往非但没改善，反倒更严重了，这是怎么回事？其实，只有成熟的香蕉才能改善便秘，没成熟的香蕉反而会加重便秘症状。而且，熟透的香蕉软糯香甜，涩味一扫而净，你也一定会更喜欢。

豆博士叮咛

香蕉性偏寒，胃痛腹凉、脾胃虚寒者不宜饮用这款豆浆。

西瓜草莓豆浆

酸甜美味，清新爽口，不油腻，也就不便秘！

西瓜 清热解暑、解烦渴，可使大便通畅

+

草莓 助消化、降低胆固醇

↓

口感清新，能快速解除食物的油腻感，调理肠胃，使大便通畅

⚘材料 黄豆浆100毫升，西瓜20克，草莓10克，酸奶适量。

⚘做法 1.将西瓜去皮、核，切小块；草莓洗净备用。

2.将西瓜块、草莓和黄豆浆一同放入全自动豆浆机中，继续煮成豆浆。

3.待豆浆稍凉，加入酸奶即可。

豆博士料理

清洗草莓时，不要把草莓蒂摘掉，以免残留农药会随水进入草莓内部。可待草莓洗净擦干后再去蒂。

😊豆博士叮咛

鲜嫩的西瓜皮可增加皮肤弹性，使人变得更年轻，所以西瓜皮也不要扔掉，可用来做面膜或做菜。

边喝边聊

美国人早把草莓列为了十大美容食品，德国人则把草莓称为"神奇之果"。草莓之色来自花色素苷，草莓之香来自木糖醇。香甜扑鼻的草莓就是肌肤的营养之源，其含有的膳食纤维是橙子的2倍，所以润肠通便、美丽肌肤才会轻而易举。

玉米渣小米豆浆

"俗不可耐"的搭配！土到极点，也就营养到了极点。

♦材料 玉米渣50克，黄豆25克，小米15克。

♦做法 1.将黄豆用清水浸泡至软，洗净；玉米渣、小米分别淘洗干净，用清水浸泡2小时。

2.将泡好的玉米渣、小米和黄豆一同倒入全自动豆浆机中，加适量水煮成豆浆即可。

豆博士料理

脾胃功能差者可将小米换成糯米，这样更有利于消化吸收。

😊**豆博士叮咛**

小米性凉，虚寒体质的人应少喝这款豆浆。

玉米 性平、味甘，富含膳食纤维，可开胃健脾，能在一定程度上缓解便秘症状

＋

小米 润肠通便，缓解脾胃虚热症状

↓

富含膳食纤维，润肠通便，可用于预防便秘

小米百合葡萄干豆浆

还为昨晚睡不着觉而烦恼吗？喝碗"催眠"豆浆吧。

百合 清心除烦，宁心安神，可提高睡眠质量

＋

葡萄 补肝肾、益气血，可改善肝肾亏虚和气血虚弱引起的失眠

↓

宁心安神，可改善肝肾亏虚和气血虚弱引起的失眠

材料 黄豆50克，小米30克，鲜百合、葡萄干各15克。

做法 1.将黄豆用清水浸泡至软，洗净；小米淘洗干净，用清水浸泡2小时；鲜百合择洗干净，分瓣。

2.将全部材料一同倒入全自动豆浆机中，加入适量水煮成豆浆即可。

豆博士料理

葡萄干也可换成提子干，不仅营养更丰富，改善失眠的作用也更突出。

边喝边聊

好睡眠不是朝夕间就能做到的。想要找回"好梦"，你能依靠的只有点滴积累和那些能改善失眠的"好东东"，葡萄恰好就是这样的角色。用山药（干品）、莲子、葡萄干各50克煮粥，或者用50克葡萄干与100克莲子做汤，都能让你很快"圆梦"。

豆博士叮咛

葡萄干中的糖分很高，所以糖尿病患者不宜饮用这款豆浆。

高粱小米豆浆

不一样的"农家口味"，不一样的安眠感受。

♦材料 黄豆50克，高粱、小米各25克，冰糖适量。

♦做法 1.将黄豆、高粱分别用清水浸泡至软，洗净；小米淘洗干净，用清水浸泡2小时。

2.将泡好的黄豆、小米和高粱一同倒入全自动豆浆机中，加入适量水煮成豆浆。

3.将豆浆过滤后加冰糖调味即可。

豆博士料理

由于高粱米质坚硬，浸泡时间不宜短，最好也与黄豆一样，浸泡10~12小时，这样便可将其彻底泡软。

🙂豆博士叮咛

高粱性温、微寒，含有鞣酸，具有收敛止泻作用，所以便秘者不宜饮用这款豆浆。

边喝边聊

对于失眠的人来说，人生最痛苦的事莫过于晚上睡不着，最最痛苦的事莫过于白天困得要命。如果工作繁忙就更糟了，除了大脑"短路"，还会错误百出。怎么办？泡个枸杞茶吧！将枸杞子切碎后与醋拌五味子泡茶，随泡随饮，可辅助改善睡眠。

高粱 健脾养胃的养生食品，可调理脾胃失和引起的失眠

+

小米 可调养脾胃虚热，还能缓解失眠症状

↓

健脾养胃，提高睡眠质量，可改善脾胃失和引起的失眠

百合安神豆浆

挡不住的华丽口感，挡不住的阵阵睡意……

百合 含有多种营养元素，可滋阴润燥，清心安神

+

银耳 有"菌中之冠"的美誉，具有益胃生津、补气和血的作用

↓

滋阴润燥，益胃生津，补气和血，清心安神，可有效改善睡眠质量

材料 黑豆50克，鲜百合、银耳各25克，白糖适量。

做法 1.将黑豆加水泡至发软，捞出洗净；银耳泡发；鲜百合洗净。

2.将泡好的黑豆、银耳、鲜百合一同放入全自动豆浆机中，加入适量水煮成豆浆。

3.将豆浆过滤，加入白糖调味即可。

豆博士料理

选用偏黄的银耳煮豆浆，口感较好。

边喝边聊

百合是"云裳仙子"，专为女人补水而生。用百合泡水喝，肌肤会越来越滋润。百合还可清心安神，若将150克百合浸泡一夜，加水烧沸后改用小火煮30分钟，再打入蛋黄搅匀略煮，调入白糖食用，可改善心烦失眠，帮你做个"睡美人"。

豆博士叮咛

夏季时，将煮好的豆浆放入冰箱冰镇后饮用味道更佳。另外，银耳是一种含粗纤维的减肥食品，所以这款豆浆也适合女性减肥期间饮用。

枸杞莲子黄豆浆

闲来小饮酌，枸杞莲子香；"卧迟灯灭后，睡美雨声中"……

 莲子 滋阴润燥，清心除烦，可提高睡眠质量

+

 枸杞子 补身强精，滋补肝肾

↓

具有安神、助眠的作用，可用于调理神经衰弱引起的失眠症状

♦ **材料** 黄豆50克，枸杞子、莲子各5克。

♦ **做法** 1.将黄豆用清水浸泡至软，洗净；枸杞子洗净，用清水泡软。

2.将泡好的黄豆、枸杞子和莲子一同倒入全自动豆浆机中，加适量水煮成豆浆即可。

豆博士料理

若用新鲜百合来代替莲子，改善失眠的作用也很强。

边喝边聊

古人失眠时会怎么办？也许悠悠然饮杯安神茶就能安眠了。可如今的我们却有更多的理由让自己睡不着，怎么办呢？其实，只要留心，身边就有很多助眠的好食物。比如，普通的莲子就可安眠，晚餐时来碗莲子汤或莲子糯米粥，我们也能轻松入睡。

豆博士叮咛

个大、饱满、无皱的莲子质量较佳；变黄发霉的莲子不要食用。

137

洋甘菊豆浆

女人可以敏感些，肌肤却应该"迟钝"点儿……

洋甘菊 可有效缓解长期便秘，还能改善过敏症状

+

黄豆浆 具有抗氧化、补充体力及抗衰老的作用

↓

抗氧化、抗衰老，改善过敏症状

🔖**材料** 黄豆浆200毫升，洋甘菊20克，果糖、冰块各适量。

🔖**做法** 1.将黄豆浆用小火烧开后注入放有洋甘菊的壶中，加盖闷上10分钟。

2.将闷好的豆浆过滤后稍凉凉，加入果糖及冰块调味即可。

豆博士料理

脾胃不太好的人制作这款豆浆时不宜加冰块，以免脾胃生寒。

边喝边聊

古时的人们常苦于无力对抗肌肤过敏，这时上天"恩赐"给了他们洋甘菊——过敏性肌肤的克星。直到如今，很多护肤品的配方里依然有它的身影。这种看似平凡的小花，让女人少受了很多"刺激"，肌肤得到全方位保护，所以一直都受到深爱。

😊**豆博士叮咛**

如用这款豆浆当漱口水，可起到缓解牙痛的作用。

红枣大麦豆浆

在敏感季节里，阻断一切敏感的源头。

红枣 含有大量抗过敏物质环磷酸腺苷，可阻止过敏反应的发生

+

黄豆 具有消炎解毒、润燥的作用

↓

有助于缓解过敏症状

♦材料 黄豆50克，红枣20克，大麦15克，冰糖适量。

♦做法 1.黄豆用清水浸泡至软，洗净；红枣洗净，去核，切末；大麦淘洗干净，用水浸泡2小时。

2.将泡好的黄豆、红枣末和大麦一同倒入全自动豆浆机中，加入适量水煮成豆浆。

3.将豆浆过滤后加冰糖调味即可。

豆博士料理

胃气虚弱、消化不良者如果将大麦制成粉或麦片，然后再用于做豆浆，则更有助于消化吸收。

边喝边聊

生活中总有些人过度"敏感"，尤其是对于某些食物，简直就像对待"不共戴天"的敌人。有人对海鲜过敏，有人对水果过敏……还能吃什么成了最大的问题。其实，这往往都是体质惹的祸，所以平时应多注意饮食搭配，调理体质，远离易过敏食物。

😊豆博士叮咛
食欲不振及伤食后胃满腹胀者也适合经常饮用这款豆浆。

芝麻黑枣黑豆浆

"麻"香如缕，枣香醉人，修复肌肤好颜色！

黑豆 营养全面，有补益肝肾、活血、利水、祛风、解毒的作用

+

黑芝麻 含有丰富的维生素，抗衰老，延年益寿

↓

补益肝肾，祛风解毒，润肤，增强免疫力，可用于过敏症状缓解期的调养

😊 **豆博士叮咛**

黑豆性热，多食易上火，所以应适量饮用这款豆浆。

🥄 **材料** 黑豆50克，熟黑芝麻、黑枣各15克，冰糖适量。

🥄 **做法** 1.将黑豆用清水浸泡至软，洗净；黑枣洗净，去核，切末；熟黑芝麻碾成末。

2.将泡好的黑豆、黑芝麻末和黑枣末一同倒入全自动豆浆机中，加适量水煮成豆浆。

3.将豆浆过滤后加冰糖调味即可。

豆博士料理

黑枣去核的简便方法：将吸果冻的吸管戳进黑枣中间，就能轻易去除枣核了。

边喝边聊 🥄 ••••••••

过敏性体质者容易患皮肤病，而黑豆有解毒之效，可将体内风寒逼出，故常食可预防湿疹等皮肤病。想让皮肤白皙、细致，那就让黑豆帮你调理吧。将等量的黑豆、红豆、绿豆及泡豆的水一同煮熟，加冰糖调味，就能帮你改善体质，对抗过敏。

Part 8

"豆"养花样女人

本章养生豆浆导读速查表

分类	名称	健康TIPS	页码
润肤	红枣莲子养颜豆浆	养血安神，美容养颜，尤其适合年轻女性饮用	第144页
	松子杏仁豆浆	甜杏仁与松子都有润肤养颜的作用，所以这款豆浆是美容佳品	第145页
	蜜花豆浆	具有滋润养颜的作用，能使皮肤润泽细嫩、富有弹性，四季皆宜饮用	第145页
	木瓜银耳豆浆	口感清甜滑溜，具有显著的美容养颜作用	第146页
	栀子莲心豆浆	清热利尿，凉血解毒，补中益气，滋润肌肤，可令女性美丽、健康兼得	第147页
	蜂蜜养颜豆浆	具有滋润五脏、美容润肠、补气益血的作用	第147页
美白	玫瑰薏米豆浆	帮助女性淡化面部暗疮、皱纹，改善面色暗沉现象	第148页
	百合薏米豆浆	润肺止咳，清心安神，滋阴润燥，美白祛湿，有助于提高睡眠质量并美白肌肤	第149页
	花生薏米豆浆	清热，抗老化，美白润肤，令人精神焕发	第150页
	葡萄柠檬蜜豆浆	能防止和淡化皮肤色素沉着，具有补养气血、美白润肤的作用	第151页
纤体	荷叶桂花豆浆	香味清新，润肠通便，强肌润肤，活血润喉，有较好的瘦身纤体作用	第152页
	麦芽豆浆	具有补血健脾、减肥降脂的作用，非常适合身体肥胖的女性饮用	第152页
	南瓜百合豆浆	清肺润燥，降血脂，可降胆固醇，助消化，有助于减肥纤体	第153页
	苹果柠檬豆浆	富含果胶、膳食纤维和维生素C，可降脂减肥，常饮能令肌肤变得白净、有光泽	第154页
	生菜豆浆	高蛋白、低脂肪、低胆固醇，具有清热利水、减肥健美和增白皮肤的作用	第155页
乌发	黑芝麻豆浆	富含营养，养颜润肤，乌发养发，对药物性脱发及某些疾病引起的脱发有改善作用	第156页
	芝麻蜂蜜豆浆	滋养肝肾，养血润燥，特别适合因肝肾不足所致的脱发、头发早白的女性食用	第157页
	蜂蜜核桃仁豆浆	对头发生长和色素沉着有着重要作用，常饮有乌发效果	第157页
抗衰老	黑芝麻杏仁糯米浆	增强机体免疫力，帮助女性预防衰老	第158页
	胡萝卜黑豆豆浆	具有抗氧化、对抗自由基和延缓衰老的作用	第159页
	小麦核桃红枣豆浆	滋补养血，健脾益气，增强免疫力，延缓衰老	第160页

豆浆女人：变美就像变魔术

豆浆作为东方人的伟大发明，被推崇为绿色食品，对女人的滋补作用尤其明显。女性想留住青春和美丽，就要做个"豆浆女人"。每天一碗鲜豆浆，不仅能让身体更加健康，也可以让变美就像变魔术一样神奇。

关键词1：雌性激素

豆浆中含有植物雌激素，女性常喝豆浆，能调节体内雌性激素与孕激素水平、使分泌周期的变化保持正常，从而延缓皮肤衰老。此外，年轻女性常喝豆浆还能美白养颜，淡化暗疮。

关键词2：铁元素

豆浆补血的效果优于牛奶，因为豆浆中的铁元素不仅含量多，且易被人体吸收，是铁元素的良好来源。铁是中国女性饮食中普遍缺乏的营养素之一，多喝豆浆可帮助女性朋友预防缺铁性贫血，使皮肤恢复好血色。

关键词3：完美

豆浆被誉为女人最完美的食物，是因为豆浆中含有丰富的营养成分。其中，大豆蛋白能显著降低胆固醇，预防心血管疾病；B族维生素可以调节血脂；膳食纤维可以增强肠胃的消化功能；天然异黄酮可以缓解更年期综合征、提高骨密度、预防骨质疏松等。此外，豆浆中还富含钙、铁、磷、锌及氨基酸等人体有益的微量元素。而且，豆浆不但含有对女人身体有益的营养成分，而且口感也极佳，入口甘美浓香，深受喜爱。

关键词4：瘦身

豆浆可以抑制人体对脂质和糖类的吸收，长期坚持进餐时喝豆浆，能令身体苗条又健康，想要减肥的女性不妨一试。

红枣莲子养颜豆浆

昨天所有的美丽，已变成遥远的回忆。让我们从头再来，从这一碗豆浆开始……

红枣 养血补血，补虚

+

莲子 补中益气，清心安神

↓

养血安神，美容养颜，尤其适合年轻女性饮用

豆博士叮咛

莲子涩肠止泻，大便燥结者及年老体弱者应慎食，也应适量饮用这款豆浆。

材料 黄豆50克，红枣、莲子各10克，花生、冰糖各适量。

做法 1.将黄豆加水浸泡至软，捞出洗净；红枣洗净，去核，加温水泡开；冰糖捣碎。

2.将泡好的黄豆、红枣、莲子与花生一同放入全自动豆浆机中，加适量水煮成豆浆。

3.将豆浆过滤，放入碎冰糖调味即可。

豆博士料理

莲子去皮方法：将莲子放入刚烧开的滚水中，加入适量的食碱稍焖片刻后倒出，用力揉搓，莲子皮会很快脱落。

边喝边聊

莲子"享清芳之气，得稼穑之味，乃脾之果也"；红枣也是极佳的补气养血之品，故有"一日吃仁枣，红颜不显老"之说。将红枣和莲子洗净煮烂，加冰糖蒸为羹，或者用红枣、莲子与大米煮成粥，都能圆女人的青春常在之愿。

松子杏仁豆浆

松子之香，杏仁之甜，成就女人更香甜笑靥！

材料 黄豆50克，松子10克，甜杏仁5克，冰糖适量。

做法 1.将黄豆用清水浸泡至软，捞出洗净备用。

2.将泡好的黄豆、甜杏仁和松子一同放入全自动豆浆机中，加入适量水煮成豆浆。

3.趁热加入冰糖调味即可。

豆博士叮咛

存放时间长的松子会产生"油哈喇"味，不宜再食用。另外，因松子含油脂丰富，所以胆功能严重不良者应慎食。

健康TIPS

甜杏仁与松子都有润肤养颜的作用，所以这款豆浆是美容佳品。

蜜花豆浆

"纯天然"的水嫩肌肤，也需要纯天然的呵护。

材料 黄豆50克，花粉10克，蜂蜜适量。

做法 1.黄豆浸泡至软，洗净备用。

2.将泡好的黄豆和花粉一起放入全自动豆浆机中，加入适量水煮成豆浆。

3.将豆浆过滤，加蜂蜜调味即可。

豆博士叮咛

未经干燥的花粉容易发霉变质，为了保证新鲜，必须冷藏。

健康TIPS

具有滋润养颜的作用，能使皮肤润泽细嫩、富有弹性，四季皆宜饮用。

木瓜银耳豆浆

最能打动你心灵的，也总是你最容易忽视的，就如这碗豆浆一样。

木瓜 能平衡女性的生理代谢功能，润肤养颜

+

银耳 滋阴润肺，强心补脑

↓

口感清甜滑溜，具有显著的美容养颜作用

♀材料 黄豆50克，木瓜20克，银耳10克，冰糖适量。

♀做法 1.将黄豆用清水浸泡至软，洗净；木瓜去皮切块；银耳浸泡1小时，洗净后撕块。

2.将泡好的黄豆和木瓜块、银耳块一同放入全自动豆浆机中，加适量水煮成豆浆。

3.将豆浆过滤，加冰糖调味即可。

豆博士料理

木瓜去籽后，木瓜籽也有妙用，不要丢弃。可以在腌肉的时候，在肉上面铺一层木瓜籽，腌好后再轻轻拨掉，这样腌出的肉不但松软，还有甜甜的果香味。

😊 豆博士叮咛

孕妈妈、过敏体质者均不宜食用木瓜，也不宜饮用这款豆浆。

边喝边聊

木瓜芳香怡人，自古就是丰胸佳果，但爱美的女人也许并不知道，只有皱皮青木瓜才能丰胸。木瓜可内服、外敷：内服时可将木瓜切块打汁，加牛奶蜂蜜拌匀服用，美容护肤，延缓衰老；外敷时可将木瓜切丝后敷于面部，适用于松弛的油性皮肤。

栀子莲心豆浆

栀子花开呀开，是女人淡淡的青春、纯纯的爱……

材料 黄豆50克，大米20克，栀子花3克，莲心2颗，冰糖适量。

做法 1.黄豆浸泡至软，洗净；大米淘洗干净。

2.将泡好的黄豆和大米一同放入全自动豆浆机中，加入适量水煮成豆浆。

3.将栀子花和莲心放入做好的豆浆中，加入冰糖调味即可。

豆博士叮咛

栀子花含有纤维素，能促进大肠蠕动，帮助大便排泄，因而便秘患者宜常饮这款豆浆。

健康TIPS

清热利尿，凉血解毒，补中益气，滋润肌肤，可令女性美丽、健康兼得。

蜂蜜养颜豆浆

女人美丽的源泉！令你放弃最后一丝拒绝的勇气。

材料 黄豆、蜂蜜各40克，绿豆35克。

做法 1.将黄豆、绿豆分别浸泡至软，捞出，洗净。

2.将泡好的黄豆和绿豆一同放入全自动豆浆机中，加入适量水煮成豆浆。

3.待豆浆稍凉，加入蜂蜜调味即可。

豆博士料理

制作这款豆浆时，绿豆一定要煮烂，否则会有强烈的腥味，饮用豆浆后可能会出现恶心等症状。

健康TIPS

具有滋润五脏、美容润肠、补气益血的作用。

玫瑰薏米豆浆

又见玫瑰，又一次亲密无间的美丽约会！

玫瑰花 调经止痛，解毒消肿，消除面部暗疮

+

薏米 健脾益胃，利水除湿，能改善脾胃两虚所致颜面多皱、面色暗沉现象

↓

帮助女性淡化面部暗疮、皱纹，改善面色暗沉现象

材料 黄豆60克，玫瑰花15朵，薏米30克，冰糖适量。

做法 1.将黄豆、薏米分别用清水浸泡至软，洗净；玫瑰花洗净。

2.将泡好的黄豆、薏米一同倒入全自动豆浆机中，加入适量水煮开，再加入玫瑰花，继续煮成豆浆。

3.将豆浆过滤后加冰糖调味即可。

豆博士料理

煮这款豆浆时要后放玫瑰花，这样才能令其浓郁香气充分释放，食用时口感甘醇。

边喝边聊

玫瑰与女人的缘说了又说，续了又续，却总也不让人厌烦。下面要对你说的是：美容时要用食用玫瑰。加了太多香精的玫瑰多用作香料，只有茶店里的玫瑰才具有滋润身体、温养心脉之效。尤其是将玫瑰花瓣捣成糊做面膜时，更不宜选用观赏性玫瑰。

豆博士叮咛

玫瑰花能活血化瘀，所以孕妈妈为避免发生流产意外，不宜饮用这款豆浆。

百合薏米豆浆

高雅纯洁的百合，美肤悦色的薏米，令你"白里透红，与众不同"。

 百合 具有生津润肺、补血安神和改善睡眠的作用

+

 薏米 健脾祛湿，改善肌肤暗沉现象，美白肤色

↓

润肺止咳，清心安神，滋阴润燥，美白祛湿，有助于提高睡眠质量并美白肌肤

♦材料 黄豆50克，干百合、薏米各10克，白糖适量。

♦做法 1.将黄豆用清水泡软；薏米、干百合分别浸泡3小时。

2.将泡好的黄豆、薏米和干百合一同放入全自动豆浆机中，加入适量水煮成豆浆。

3.将豆浆过滤后加入适量白糖调味即可。

豆博士料理

制作这款豆浆时，若将薏米换成适量薏米粉，并加入少量鲜奶，经常饮用，可保持皮肤光泽细腻。

豆博士叮咛

这款豆浆尤其适宜更年期女性、神经衰弱者及睡眠不宁者饮用。

边喝边聊

青春少女也宜常食百合、薏米，不但能让肌肤更嫩白，连痘痘也会跑得无影无踪。喝百合薏米豆浆时，用桂花蜜调一下味，会更美味。用50克薏米、15克百合一同煮粥，再用蜂蜜调味，清馨，甜香，热濡，令人垂涎欲滴。

花生薏米豆浆

美白的肌肤为美丽加分，纯美的豆浆为年轻增彩！

薏米 富含B族维生素，有清热、美白润肤的效果

+

花生 抗老化，滋润肌肤

↓

清热，抗老化，美白润肤，令人精神焕发

♦**材料** 糙米50克，花生、薏米各10克，黄豆浆200毫升，白糖适量。

♦**做法** 1.将糙米洗净，浸泡约2小时；薏米洗净，浸泡2小时。

2.将泡好的糙米、花生、薏米一同放入全自动豆浆机中，加入黄豆浆及适量水继续煮成豆浆。

3.趁豆浆热时加入白糖调味即可。

豆博士料理

"胚芽糙米"是糙米发芽后的产品，可使糙米中的养分充分活化，提升维生素含量，并含有多种有益健康的酶类，可以用来代替糙米。

豆博士叮咛

薏米性偏凉，所以女性经期最好不要饮用这款豆浆。

边喝边聊

薏米好吃又不贵，每天只需花个块八毛钱，就能让肌肤轻松变得水嫩光滑，连一些价格不菲的化妆品都相形见绌。如用等量的薏米、糯米、燕麦、花生煮个养颜糊，或者用薏米粉、绿豆粉、珍珠粉、蜂蜜调糊做面膜，都有美白嫩肤的效果。

葡萄柠檬蜜豆浆

有些人注定与你有缘，有些事物注定与你一生相伴，一如葡萄、柠檬、蜂蜜……

♦材料 黄豆50克，葡萄干10克，柠檬片、蜂蜜各适量。

♦做法 1.将黄豆浸泡至软，洗净。

2.将泡好的黄豆、葡萄干、柠檬片一同放入全自动豆浆机中，加适量水煮成豆浆。

3.将豆浆过滤，加入蜂蜜调味即可。

豆博士料理

柠檬切片时，每片最好控制在3～4毫米的厚度，这能使其保持鲜酸的滋味。

豆博士叮咛

高血压、心肌梗死患者也宜饮用这款豆浆。

边喝边聊

柠檬之香，新鲜而强劲，诱惑难以抵挡。清早上班前往往来不及做豆浆，可直接取150克葡萄（洗净）、柠檬1个（连皮对切为4份），一同放入榨汁机内压榨成汁，加入蜂蜜调味饮用，再吃几片面包片，美味营养，常食能令肌肤嫩滑红润。

葡萄干 能防止和淡化皮肤色素沉着，并具有补血作用

+

柠檬 具有美白润肤的作用

能防止和淡化皮肤色素沉着，具有补养气血、美白润肤的作用

荷叶桂花豆浆

嫩蕊凝珠，清香袭人；出水芙蓉，亭亭玉立——唯一的"结局"……

材料 黄豆50克，绿茶5克，桂花、鲜荷叶、白糖各适量。

做法 1.将黄豆用清水浸泡至软，洗净；鲜荷叶洗净，撕小片。

2.将泡好的黄豆和鲜荷叶片一同放入全自动豆浆机中，加入适量水煮成豆浆。

3.在杯中放入绿茶、桂花及白糖，将煮好的豆浆冲入杯中即可。

豆博士料理

脾胃虚弱者制作这款豆浆时，可将鲜荷叶换成干荷叶，但用量需减半。

健康TIPS

香味清新，润肠通便，强肌润肤，活血润喉，有较好的瘦身纤体作用。

麦芽豆浆

组合还是那么"俗气"，看不到一丝娇情，却简约而不简单！

材料 黄豆浆200毫升，小麦胚芽30克，白糖适量。

做法 1.将小麦胚芽捣碎，与白糖混合均匀。

2.将黄豆浆煮沸3~5分钟，再加入混匀的小麦胚芽、白糖，煮沸即可。

豆博士料理

研究证明，小麦胚芽的营养成分极高，但容易氧化，因此购买小麦胚芽时宜选用真空包装的。

健康TIPS

具有补血健脾、减肥降脂的作用，非常适合身体肥胖的女性饮用。

南瓜百合豆浆

高贵的百合与平凡的南瓜邂逅，会演绎出怎样的"故事"？

材料 黄豆、南瓜各50克，鲜百合20克，盐、胡椒粉各适量。

做法 1.将黄豆浸泡至软，洗净后放入全自动豆浆机中，加入适量水煮成豆浆。
2.南瓜去皮，切小块；鲜百合瓣成小片，一同放入豆浆机中，继续煮成豆浆。
3.最后加入适量盐和胡椒粉调味即可。

豆博士料理

南瓜心含有相当于南瓜果肉5倍的胡萝卜素，所以做豆浆时应尽量加以利用。

豆博士叮咛

袋装的新鲜百合以有光泽、无黑褐斑点、质地细腻、外形好者为佳。

边喝边聊

欧美人总是充满着奇思妙想，当他们爱上豆浆时，连喝法都与我们不同。他们是把豆浆跟蔬果混合在一起打成汁喝，弄得豆浆不像豆浆，果汁不像果汁。不过，味道还真不错，营养也足够，而这种"豆浆果汁"的真正用途则在于减肥。

南瓜 具有补中益气、消炎止痛、降糖止渴的作用

+

百合 消除烦热，润肺宁心

↓

清肺润燥，降血脂，降胆固醇，助消化，有助于减肥纤体

苹果柠檬豆浆

水嫩肌肤喝出来，变美总是你意想不到的简单！

苹果 富含果胶、膳食纤维和维生素C，有非常好的降脂作用

+

柠檬 具有美白润肤的作用

↓

富含果胶、膳食纤维和维生素C，可降脂减肥，常饮能令肌肤变得白净、有光泽

♀材料 黄豆50克，苹果1个，柠檬汁适量。

♀做法 1.将黄豆用清水浸泡至软，洗净后放入全自动豆浆机中，加入适量清水煮成豆浆，凉凉。

2.苹果去皮、核，切小块，放入豆浆里，并倒入柠檬汁，再次将豆浆煮至熟即可。

边喝边聊 ·····

西方谚语有"天天一苹果，医生远离我"，但女性更关注的是"吃苹果能减肥"，拥有苗条身材是很多女性的愿望。苹果高纤维、低热量，不但可做豆浆，也十分适宜煲汤，用苹果配上可消水肿的海带煮碗靓汤，顿时会弥漫淡淡的瘦身美颜风。

豆博士料理

准备挤柠檬汁时，只需在柠檬的脐上切出一个十字口，就能容易地挤压出汁，而且汁水还不会飞溅。

😊豆博士叮咛

由于苹果富含糖类和钾盐，因此肾炎及糖尿病者不宜多食，也应少饮这款豆浆。

生菜豆浆

自然而然地瘦，不带有一丝"菜色"。

黄豆 大豆蛋白和豆固醇可明显改善和降低血脂水平

+

生菜 清热利水，具有促进血液循环、安神、养胃的作用

↓

高蛋白、低脂肪、低胆固醇，具有清热利水、减肥健美和增白皮肤的作用

♀材料 黄豆60克，生菜30克。

♀做法 1.黄豆用清水浸泡至软，洗净；生菜择洗干净，切末。

2.将泡好的黄豆、生菜末一同倒入全自动豆浆机中，加入适量水煮成豆浆即可。

豆博士料理

生菜富含膳食纤维，用手撕成片后直接用于煮豆浆，更利于保全营养。

边喝边聊

生菜中的膳食纤维和维生素C含量都很高，能消除多余脂肪，所以人们又送给生菜一个好听的名字——减肥生菜。其实，生菜生食最好，洗净后加入适量沙拉酱，直接入口，鲜嫩清香，爽利多汁，常食可保持苗条的身材。

😊豆博士叮咛

生菜性寒，平素胃寒者应少饮这款豆浆。

黑芝麻豆浆

美自发端，美至发梢，让每一寸发丝美都值得珍藏！

黄豆 富含蛋白质，还含有各种维生素及钙、磷、铁等矿物质

+

黑芝麻 乌发养发，养颜润肤

↓

富含营养、养颜润肤、乌发养发，对药物性脱发及某些疾病引起的脱发有改善作用

♦材料 黄豆100克，熟黑芝麻、白糖各适量。

♦做法 1.将黄豆加水泡软，捞出洗净；熟黑芝麻碾成碎末。

2.将泡好的黄豆、熟黑芝麻末一同放入全自动豆浆机中，加入适量水煮成豆浆。

3.将豆浆过滤后加入适量白糖调味即可。

边喝边聊

　　黑芝麻的好处多得就像在数一把芝麻粒，但最大的好处恐怕还是乌发养颜，一碗芝麻糊就能留住你的青春……抓两把黑芝麻、两把糯米，一同煮成糊，再把冰糖压成粉调味，美味立马就来。一缕浓香一缕温暖，心中顿时充满无限遐思……

豆博士料理

　　黑芝麻炒熟后食用，营养才能充分被身体吸收。炒黑芝麻的时间不可太长，如果炒得太久，味道就会变苦。

♡豆博士叮咛

　　患有慢性肠炎、便溏腹泻者不宜食用黑芝麻，也应少饮这款豆浆。

芝麻蜂蜜豆浆

好豆浆让你不仅仅拥有乌黑的秀发，还拥有青春和自信！

♦材料 黄豆70克，黑芝麻20克，蜂蜜适量。

♦做法 1.将黄豆用清水浸泡至软，捞出，洗净；黑芝麻冲洗干净，沥干水分，然后碾成碎末。

2.将泡好的黄豆和黑芝麻末一同倒入全自动豆浆机中，加入适量水煮成豆浆。

3.将豆浆晾至温热，加入蜂蜜调味即可。

😊**豆博士叮咛**

大便稀软及慢性肠炎、腹泻等患者不宜饮用这款豆浆。

健康TIPS

滋养肝肾，养血润燥，特别适合因肝肾不足所致的脱发、头发早白的女性食用。

蜂蜜核桃仁豆浆

满头青丝，总难割舍得下，温婉可人，还需一碗豆浆。

♦材料 黄豆60克，核桃仁40克，蜂蜜适量。

♦做法 1.将黄豆用清水浸泡至软，洗净；核桃仁碾成末。

2.将泡好的黄豆和核桃仁末一同倒入全自动豆浆机中，加入适量水煮成豆浆。

3.将豆浆晾至温热，淋入适量蜂蜜调味后即可饮用。

豆博士料理

不要撕去核桃仁表面那层褐色的薄皮，否则会损失一部分营养。

健康TIPS

对头发生长和色素沉着有重要作用，常饮有乌发效果。

黑芝麻杏仁糯米浆

既然无法书写不老的神话，那就让我们"慢慢变老"吧！

黑芝麻 含有的芝麻酚是一种强力抗衰老物质，可预防女性衰老

+

杏仁 富含强抗氧化物质维生素 E，能增强机体免疫力，延缓衰老

↓

增强机体免疫力，帮助女性预防衰老

♀**材料** 黄豆40克，糯米25克，熟黑芝麻10克，甜杏仁15克。

♀**做法** 1.将黄豆用清水浸泡至软，洗净；糯米淘洗干净，用清水浸泡两小时；熟黑芝麻、甜杏仁分别碾成碎末。

2.将全部材料一同倒入全自动豆浆机中，加入适量水煮成豆浆即可。

豆博士料理

黑芝麻和杏仁可用纯黑芝麻粉和杏仁粉代替。

边喝边聊

《本草纲目》中说："……可服杏仁，令汝聪明，老而健壮，心力不倦。"可见，杏仁是美容养生的青春源头。每天喝豆浆时泡些杏仁粉和薏米粉，既养颜美白又瘦身抗衰；将15克杏仁泡软后碾成泥，加1大匙蜂蜜做个紧肤面膜，也能立竿见影。

豆博士叮咛

甜杏仁可以作为休闲小食品或做凉菜用，但苦杏仁一般只用来入药，并有小毒，不能多吃。

胡萝卜黑豆豆浆

不去和衰老为敌，只愿与年轻共舞。

黑豆 锌、硒等微量元素的含量较高，对延缓人体衰老有益

+

胡萝卜 含有的 β —胡萝卜素有延缓衰老的作用

↓

具有抗氧化、对抗自由基和延缓衰老的作用

材料 黑豆60克，胡萝卜30克，冰糖适量。

做法 1.将黑豆用清水浸泡至软，洗净；胡萝卜洗净，切碎末。

2.将上述材料一同倒入全自动豆浆机中，加入适量水煮成豆浆。

3.将豆浆过滤后加冰糖调味即可。

豆博士料理

制作这款豆浆时，应尽量挑选个头粗大的胡萝卜，其所含的 β —胡萝卜素更多些。

边喝边聊

黑豆除可做成黑豆浆之外，还可以直接煮水，方法简单，抗衰老效果神奇！取3把黑豆洗净，加少量水（也可以再加点儿甘草或浮小麦），烧开后再熬5~10分种，只取乌黑的豆汤来喝。经常喝，能令人红光满面，长葆年轻！

😊 豆博士叮咛

用这款豆浆搭配食用核桃、花生等含油脂的食物，能更好地吸收胡萝卜中的营养。

小麦核桃红枣豆浆

欲望越多，衰老越快，只愿这一碗
豆浆能让你此时最精彩！

核桃 富含维生素E，补肝肾，延缓衰老

+

红枣 滋补养血，健脾益气，增强免疫力，可延年益寿

↓

滋补养血，健脾益气，增强免疫力，延缓衰老

♀材料 黄豆50克，小麦仁、红枣各20克，核桃2个。

♀做法 1.黄豆用清水浸泡至软，洗净；小麦仁淘洗干净，用清水浸泡2小时；核桃去皮，取核桃仁碾成末；红枣洗净，去核，切末。

2.将全部材料一同倒入全自动豆浆机中，加入适量水煮成豆浆即可。

豆博士料理

用大火蒸核桃5分钟，取出后迅速浸入凉水，不但易于取出完整的核桃仁，也可消除核桃仁表面那层褐色薄皮的苦涩味。

豆博士叮咛

核桃仁中含有较多油脂，不宜多食，脾胃虚弱者应少饮这款豆浆。

边喝边聊

养生的智慧就在生活的细节中，最普通的食物往往就是最好的医生。中医界就流传着这样一种说法：每天吃够"三四五"，即吃3颗核桃仁（健脑润肺）、4颗桂圆（开胃安神）、5颗红枣（益气养血），能让所有女人都惧怕的衰老——来得更慢。

Part 9

上班了，美好一天"浆"开始

本章养生豆浆导读速查表

分类	名称	健康TIPS	页码
清心明目	菊花枸杞豆浆	滋补肝肾，疏肝明目，最适合需要保护眼睛的上班族饮用	第164页
	枸杞胡萝卜豆浆	滋补肝肾，益精明目，可帮助改善夜盲症	第165页
抵抗辐射	绿豆绿茶豆浆	抗辐射，减少辐射对脏器的影响，维护造血功能	第166页
	海带无花果豆浆	对抗电磁辐射，防止免疫功能损伤	第167页
	花粉玉米绿豆浆	对抗电磁辐射对人体产生的不利影响，预防神经系统紊乱	第167页
释放压力	榛子仁豆浆	营养加倍，缓解压力，对提高记忆力、消除疲劳很有帮助	第168页
	菠菜虾皮豆浆	鲜美可口，有利于缓解压力，对上班族尤为有益	第169页
	双黑米浆	能为上班族补充多种营养成分，分散压力，缓解紧张情绪	第170页
	牛奶开心果豆浆	补益虚损，理气开郁，镇静安神，令人保持心情愉快	第171页
缓解疲劳	花生腰果豆浆	补充体力，缓解身体疲劳和脑疲劳	第172页
	黑红绿豆浆	能有效缓解工作压力过大时出现的体虚乏力状况，非常适合上班族饮用	第173页
	杏仁榛子豆浆	富含蛋白质、维生素E及钙、铁等，可有效恢复体力，缓解身体疲劳感	第174页
	葡萄干豆浆	有助于驱走疲乏、集中注意力和补充体力，使工作更有干劲	第175页
	芦笋山药豆浆	具有补充体力、缓解疲劳状态的作用，可以让身体充满活力	第176页
	甘薯南瓜豆浆	提高机体免疫力，补充能量，增强体力	第177页
提神醒脑	健脑豆浆	能改善脑循环，滋养脑细胞，增强脑功能，有助于提高专注力和记忆力	第178页
	核桃杏仁豆浆	具有补益大脑、延缓衰老的作用	第179页
	咖啡豆浆	有缓解疲劳、恢复体力、振奋精神的作用	第180页
	桂圆豆浆	甜润可口，养血安神，能有效缓解失眠、健忘、神经衰弱等症状，尤其适合年老体衰者饮用	第181页
	核桃芝麻枸杞豆浆	富含卵磷脂和胆碱，具有强心健脑的作用，能有效改善大脑机能	第181页
	糙米花生豆浆	富含锌和多种维生素，能增强记忆，抗老化，延缓脑功能衰退	第182页

教你过忙里偷闲的"煮豆"生活

上班一族工作繁忙，很少有时间享受轻松愉快的"煮豆"生活，想要做个又健康又有品味的时尚达人，真是难上加难。怎样才能"忙里偷闲"，喝上一碗热乎乎的好豆浆呢？方法总比问题多，下面就教你几招。

晚上泡豆早上喝

大豆经过充分的浸泡才能做出口感细滑的豆浆，一般要浸泡10～12个小时。但是，上班族们一大清早忙忙碌碌，很难有充足的时间来泡豆、做豆浆，所以一定要提前泡豆才行。只需在每天晚上下班后把豆子浸泡上，到清早起来时，恰好浸泡了10个小时左右。此时再把豆子放到全自动豆浆机里煮豆浆，不但什么事也不耽误，还能营养美味照单全收，不亦乐乎！

豆浆加蜜才好喝

大豆中几乎不含有淀粉和蔗糖，所以豆浆毫无甜味，除非加白糖。不过，天天喝豆浆，天天加白糖，日积月累，难免会担心身体发胖。没关系！把白糖换成蜂蜜就什么问题都解决了。蜂蜜是天然糖，且以果糖为主，甜度高、用量少，健康佳品。为减少对蜂蜜中活性物质的破坏，可以等豆浆打好后稍放凉，再调入蜂蜜。

各种饮品换着喝

豆浆虽然营养丰富，但也并非是一种含有全部营养素的"万能饮品"，所以除了早上喝豆浆外，白领们更要学会"对自己好"，要给自己补充更多的营养。尤其是在短暂的工作间隙里喝几口绿茶放放松，或者吃午餐时喝碗米粥、淡汤，都可以实现补充营养的"小小愿望"。

美味豆浆天天喝

按照《中国居民膳食指南》的建议，每天要吃30～50克大豆（干重），而早上喝300毫升豆浆，才可以达到建议量的一半，所以好豆浆要坚持天天喝。天天补充这"一半"的营养，虽然量还不够，但却是稳定的营养源。此外，再经常吃一些豆腐、豆腐皮等大豆制品，就可以保证豆类营养素的供给平衡了。

菊花枸杞豆浆

让眼睛明亮，也让心更明亮……

 枸杞子 滋补肝肾，益精明目，可降低血糖，增强免疫能力

+

 菊花 具有清热去火的功效，对眼睛疲劳、视力模糊等症状有很好的缓解效果

滋补肝肾，疏肝明目，最适合需要保护眼睛的上班族饮用

材料 黄豆60克，枸杞子、菊花各5克，冰糖适量。

做法 1.将黄豆用清水浸泡至软，洗净；枸杞子、菊花分别洗净。

2.将泡好的黄豆、枸杞子和菊花一同放入全自动豆浆机中，加入适量水煮成豆浆。

3.将豆浆过滤后，加冰糖调味即可。

豆博士料理

菊花用干品或鲜品均可，若用干品，用量可为鲜菊花的一半。

边喝边聊

融入菊花香的豆浆不仅口味清香，更能为紧张的工作带来一丝宁静和放松！另外，上班族常用电脑，每天喝3～4杯菊花茶，还能消除眼睛疲劳和恢复视力。泡菊花茶不用加其他茶叶，只将干燥后的菊花用开水冲泡来喝就可以了，热饮、冰饮都很好。

 豆博士叮咛

菊花性凉，气虚胃寒、食少泻泄者应慎食，也应少饮这款豆浆。

枸杞胡萝卜豆浆

如此诱人的享受，究竟来自味觉，还是来自视觉？

枸杞子　滋补肝肾，擅长明目，俗称"明眼子"

＋

胡萝卜　含有大量胡萝卜素，有补肝明目的作用，可有效改善夜盲症

↓

滋补肝肾，益精明目，可帮助改善夜盲症

◇**材料**　黄豆100克，枸杞子50克，胡萝卜20克，白糖适量。

◇**做法**　1.将黄豆加水泡软、洗净；枸杞子加水泡开，洗净；胡萝卜洗净后切丁。

2.将泡好的黄豆、枸杞子和胡萝卜一同放入全自动豆浆机中，加适量水煮成豆浆。

3.将豆浆过滤，加入适量白糖调味即可。

豆博士料理

胡萝卜有红、黄两种颜色，黄的比红的营养价值高，做豆浆时可任意挑选。

边喝边聊 🍵 ●●●●●

红色的枸杞子对眼睛更有益，若用枸杞子与一碗米饭、适量黄豆浆和海扇贝小罐头来煮个豆浆粥，不但"养眼"，还很"享瘦"。做法也很简单，先把米饭、黄豆浆和海扇贝罐头汁一起烹成粥，焖5分钟，再用泡好的枸杞子和海扇贝点缀一番即可。

😊**豆博士叮咛**

营养不良、食欲不振者也宜常饮这款豆浆。

绿豆绿茶豆浆

清香扑鼻的时刻，辐射的危险只是遥远的传说！

绿豆 属绿色食物，具有一定的抗辐射作用

+

绿茶 含有的茶多酚可以减少辐射对脏器的损伤，维护造血功能

↓

抗辐射，减少辐射对脏器的影响，维护造血功能

材料 黄豆、绿豆各25克，绿茶5克，冰糖适量。

做法 1.将黄豆加水浸泡至软，洗净；绿豆淘洗干净，浸泡4～6小时；绿茶用沸水沏成绿茶水。

2.将泡好的黄豆和绿豆一同倒入全自动豆浆机中，淋入绿茶水，再加入适量水煮成豆浆。

3.将豆浆过滤，加冰糖调味即可。

豆博士料理

绿茶用沸水冲泡后宜盖上杯盖闷10～15分钟，这样绿茶的味道会更香醇。

边喝边聊

还记得日本核泄漏时，老百姓"疯狂"抢购碘盐防污染、抗辐射的情形吗？其实，绿茶才是生活中防辐射的天然佳品，被誉为"原子时代的饮料"。绿茶营养成分保存得非常完美，紧张而忙碌的人们每天都应该把绿茶当作"亲密爱人"。

豆博士叮咛

饮用这款豆浆前后1小时不宜服药，否则会影响药效。

海带无花果豆浆

谁说"暗箭难防"？小小的电磁辐射怎敌一碗好豆浆！

材料 黄豆50克，绿豆20克，无花果1个，水发海带15克。

做法 1.将黄豆用清水浸泡至软，洗净；绿豆淘洗干净，用清水浸泡4~6小时；无花果洗净，去蒂，切碎；水发海带洗净，切碎末。

2.将全部材料一同倒入全自动豆浆机中，加入适量水后煮成豆浆即可。

豆博士料理

无花果用干品也可以，但要先用水浸泡至软。

健康TIPS
对抗电磁辐射，防止免疫功能损伤。

🫛 豆博士叮咛

饮用这款豆浆后，可食用剩余的渣，能更好地吸收全部营养。

花粉瓜米绿豆浆

倾心于"花粉"之下，消"磁"于无形之中。

材料 绿豆40克，木瓜50克，薏米、油菜花粉各20克。

做法 1.将绿豆淘洗干净，用清水浸泡至软；薏米淘洗干净，用清水浸泡2小时；木瓜去皮、籽，洗净后切小丁。

2.将上述材料一同倒入全自动豆浆机中，加入适量水后煮成豆浆。

3.将豆浆过滤后晾至温热，加油菜花粉调匀即可。

豆博士料理

在豆浆中加入油菜花粉时要搅拌均匀，以免花粉颗粒粘在一起而影响口感。

健康TIPS
对抗电磁辐射对人体产生的不利影响，预防神经系统紊乱。

榛子仁豆浆

苦闷、烦恼、惆怅……生活真"纠结"！一碗豆浆虽解决不了什么，却能为你带来一时的轻松。

榛子 富含多种不饱和脂肪酸，能有效缓解压力，提高记忆力，消除疲劳

+

黄豆 营养丰富，含有蛋白质、多种维生素及钙、磷、铁等矿物质

↓

营养加倍，缓解压力，对提高记忆力、消除疲劳很有帮助

材料 黄豆50克，榛子仁20克，白糖适量。

做法 1.黄豆用清水泡软，洗净备用。
2.将泡好的黄豆和榛子仁一同放入全自动豆浆机中，加入适量清水煮成豆浆。
3.将豆浆过滤后，加入白糖调味即可。

豆博士料理

将榛子包在布里，放入防盗门的门缝轻轻一挤，就可以轻松去壳。

边喝边聊

榛子号称"坚果之王"，营养没的说，吃起来也特别香美，余味绵绵。上下班时，你也没少享此口福吧？那就多备点儿吧，炒熟后去皮吃果肉，越嚼越香，不仅增体力，也能让神经松弛下来。另外，用榛子和莲子做粥，这个主意也不错。

豆博士叮咛

榛子含有丰富的油脂，胆功能严重不良者应慎食，也应少饮这款豆浆。

菠菜虾皮豆浆

别具风味的"鲜"，繁忙之余的意外收获！

♦材料 黄豆50克，菠菜20克，虾皮10粒，盐少量。

♦做法 1.黄豆用清水浸泡至软，洗净备用；菠菜洗净后切小段；虾皮泡软，洗净备用。

2.将泡好的黄豆、菠菜段和虾皮一起放入全自动豆浆机中，加入适量水煮成豆浆。

3.将豆浆过滤，加少量盐调味即可。

豆博士料理

菠菜用开水氽烫一下，可除去80%的草酸，然后再用来做豆浆，更利于人体对营养的吸收。

> **豆博士叮咛**
> 菠菜以菜梗红短、叶子新鲜且有弹性者为佳。

边喝边聊

虾皮天生就是个做"配角"的料，无论做汤、拌菜、包饺子，它都只有当调料的"戏份"。可它有个优点，那就是鲜，所以也常"喧宾夺主"，疯抢别人的"戏"。用虾皮做豆浆，估记你没想到吧？那么，它的鲜美你就更加想不到了……

菠菜 所含的胡萝卜素在人体内可转变成维生素A，能增加预防传染病的能力

+

虾皮 有镇定作用，常用来缓解神经衰弱症状

↓

鲜美可口，有利于缓解压力，对上班族尤为有益

双黑豆浆

一个人独处，静静地品味，忘却莫名的慌乱……

黑米 含有叶绿素、花青素等多种有益成分，可使人精力充沛

＋

黑木耳 有益气强身、润肺排毒等作用，可有效缓解紧张情绪

能为上班族补充多种营养成分，分散压力，缓解紧张情绪

材料 黄豆浆200毫升，黑米50克，黑木耳20克，白糖适量。

做法 1.将黑米、黑木耳分别洗净，用清水泡软。

2.将泡好的黑米、黑木耳与黄豆浆一同放入全自动豆浆机中，加入适量水继续煮成豆浆。

3.将豆浆过滤后加入白糖调味即可。

豆博士料理

将黑木耳放入温水中加入淀粉搅拌，可去其杂质和沙粒。

豆博士叮咛

心脑血管疾病、结石症患者宜常饮用这款豆浆，有助于增强抗病力。

边喝边聊

善于养生的人都是富有创意的人，他们能把简单的生活变出许多花样来。就如这碗豆浆，不甘寂寞者一定要把它变成豆浆粥才肯罢休：将黑木耳、黑米和大枣同煮，再加入黄豆浆煮成粥后放白糖调味，补而不腻，食而不燥，抗衰养颜。

牛奶开心果豆浆

烦恼深重，只因我们看得太近，又想得太多，所以要做个"开心果"，生活无处不快乐！

材料 黄豆60克，开心果20克，牛奶250毫升，白糖适量。

做法 1.黄豆用清水浸泡至软，洗净。

2.把开心果和泡好的黄豆一同倒入全自动豆浆机中，加入适量水煮成豆浆。

3.加白糖调味，待豆浆晾至温热，倒入牛奶搅拌均匀即可。

豆博士料理

做这款豆浆时，牛奶宜后放，而且不要煮沸，也不要久煮，否则会破坏牛奶中的营养素，影响人体吸收。

豆博士叮咛
过敏体质者应慎吃开心果，也应少饮这款豆浆。

边喝边聊

美国的一项研究成果表明，每天吃些开心果可缓解紧张的情绪。这项研究还认为，每天吃28克开心果就能起到减肥作用。最有意思的是，研究人员认为，吃开心果时要剥壳，从而延长了食用时间，也间接减少了食量，更利于控制体重。

开心果 补益虚损，调中顺气，能缓解神经衰弱，常食可令人心情愉快

+

牛奶 补虚损，益肺胃，并具有镇静安神的作用

↓

补益虚损，理气开郁，镇静安神，令人保持心情愉快

花生腰果豆浆

生活不总是"累"，有时也像这碗豆浆一样，初尝无感觉，越品越有味！

腰果 维生素B₁含量丰富，有补充体力、消除疲劳的作用

+

花生 含有卵磷脂、胆碱等健脑物质，能缓解脑疲劳状况

↓

补充体力，缓解身体疲劳和脑疲劳

材料 黄豆60克，花生、腰果各20克。

做法 1.将黄豆用清水浸泡至软，洗净；花生洗净；腰果碾成碎末。

2.将全部材料一同倒入全自动豆浆机中，加入适量水煮成豆浆即可。

豆博士料理

制作这款豆浆时可选用熟腰果，因为熟腰果比生腰果更容易碾碎。

边喝边聊

腰果甘甜清脆，经常食用可提高抗病力。如果你是个美食客，想必会经常念叨"腰果虾仁"的好吧？其实，拌芹菜、腐竹时也可加点儿腰果。此外，早上喝粥时加点儿腰果碎粒也是"必须地"，可补充一天所需的能量呢！

豆博士叮咛

腰果含有多种致敏原，所以过敏体质者应少饮或不饮这款豆浆。

黑红绿豆浆

疲劳也是个很好的朋友，若不然，你又怎有闲暇来细品这生活中的曼妙滋味！

黑豆 具有养阴补气作用，是强壮滋补食品，可有效缓解疲劳

＋

红豆 有补血、增强抵抗力的作用，可有效改善体虚疲倦症状

↓

能有效缓解工作压力过大时出现的体虚乏力状况，非常适合上班族饮用

🥄材料 黑豆50克，红豆20克，绿豆10克。

🥄做法 1.将黑豆用清水浸泡至软，洗净；红豆、绿豆分别淘洗干净，再用清水浸泡4～6小时。

2.将全部材料一同倒入全自动豆浆机中，加入适量水煮成豆浆即可。

豆博士料理

制作豆浆时要控制好时间，不要使绿豆煮得过烂，以免使其中的维生素遭到破坏，从而降低营养和作用。

😊豆博士叮咛

服药，特别是服温补药期间不要饮用这款豆浆，否则会影响药效。

边喝边聊 🍵 ●●●●●●●

红豆是缓解压力、营养神经的天然解毒剂，除了熬粥食用外，多饮红豆做的豆浆或汤，对抗疲劳和缓解压力也都有显著作用。若将红豆磨成粉后加蜂蜜做成糊，不但美味营养，还能直接当面膜敷脸，美白又润肤，女孩们尽可把它当作美容的法宝。

杏仁榛子豆浆

停下匆匆的脚步吧，给自己一点儿喘息的时间、一点儿快乐的空间！

杏仁 含有维生素E等抗氧化物质，能预防疾病和早衰

+

榛子 能有效缓解压力，提高记忆力，消除疲劳

↓

富含蛋白质、维生素E及钙、铁等，可有效恢复体力，缓解身体疲劳感

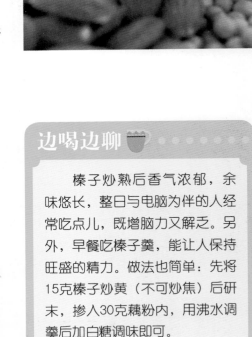

材料 黄豆60克，杏仁、榛子仁各15克。

做法 1.将黄豆用清水浸泡至软，洗净；杏仁、榛子仁碾成碎末。

2.将全部材料一同倒入全自动豆浆机中，加入适量水煮成豆浆即可。

豆博士料理

存放时间较长的榛子不宜再做豆浆。

豆博士叮咛

榛子含有丰富的油脂，胆功能严重不良者应慎食，也应少饮这款豆浆。

边喝边聊

榛子炒熟后香气浓郁，余味悠长，整日与电脑为伴的人经常吃点儿，既增脑力又解乏。另外，早餐吃榛子羹，能让人保持旺盛的精力。做法也简单：先将15克榛子炒黄（不可炒焦）后研末，掺入30克藕粉内，用沸水调羹后加白糖调味即可。

葡萄干豆浆

　　午后的疲乏来得好快！请别再用口香糖对付它了，现在你已经有了更妙的办法……

◇**材料** 黄豆50克，葡萄干10克。
◇**做法** 1.黄豆用清水浸泡至软，洗净后放入豆浆机中，加入适量清水煮成豆浆。
2.先将葡萄干放进碗里，再用热豆浆倒入碗中冲泡即可。

豆博士料理

　　做豆浆时，葡萄干可直接食用，如用葡萄代替，则需清洗掉表面污垢。

😊**豆博士叮咛**
　　葡萄干含糖分较多，糖尿病患者忌食，也不宜饮用这款豆浆。

边喝边聊 ☕ ● ● ● ● ● ● ●

　　每天上班的你，包里可曾经常装把葡萄干？工作累了就嚼上一把，甘甜美味会让你很快感觉全身轻松。男士也不要忽视葡萄干这个寻常之物，如果你有神经衰弱、体虚乏力的症状，就用它来泡酒喝吧，这也是缓解疲劳和压力的上佳食法。

黄豆 具有抗氧化、补充体力及抗衰老的作用

＋

葡萄干 补肝肾，益气血，是一种补诸虚不足、延年益寿的食材

↓

有助于驱走疲乏、集中注意力和补充体力，使工作更有干劲

175

芦笋山药豆浆

养足精神，给自己以好状态，给人生以高姿态！

芦笋 有清热解毒、滋阴利水的作用，常食可镇静安神，缓解疲劳

＋

山药 有强健机体、滋肾益精的作用，可有效补充体力，缓解疲劳

↓

具有补充体力、缓解疲劳状态的作用，可以让身体充满活力

◈**材料** 黄豆、芦笋各30克，山药10克，白糖适量。

◈**做法** 1.将黄豆浸泡至软，洗净备用；芦笋洗净后切小段；山药去皮，切小粒。

2.将泡好的黄豆和芦笋段、山药粒一同放入全自动豆浆机中，加水煮成豆浆。

3.将豆浆过滤后，加白糖调味即可。

豆博士料理

用芦笋做豆浆时，可选用其嫩茎的顶尖部分，那里的营养物质含量最为丰富。

边喝边聊

一天工作的忙碌，下班路上的煎熬，回到家中早已困意浓浓，无暇在厨房大展身手。此时一杯美味的豆浆，既省时又营养，可以说是犒劳自己的绝佳饮品。再佐以平时喜爱的一些小零食，真是无比享受，让你觉得所有的事情都变得美好了。

豆博士叮咛

选购芦笋时，以鲜嫩整条、呈白色、无空心、无开裂、无泥沙者为佳。

甘薯南瓜豆浆

喝腻了咖啡，烦透了电脑，张开双臂，伸伸懒腰，把目光停在这里……

材料 黄豆50克，南瓜20克，甘薯、白糖各适量。

做法 1.黄豆用清水浸泡至软，洗净备用；甘薯、南瓜分别去皮后切丁。
2.将泡好的黄豆、甘薯丁和南瓜丁一同放入全自动豆浆机中，加适量水煮成豆浆。
3.将豆浆过滤后加入白糖调味即可。

豆博士料理

甘薯宜选择黄心或红心、味较甜、质紧实、汁略少者。且甘薯煮熟后食用，其中的营养更利于人体吸收。

> **豆博士叮咛**
> 南瓜性偏壅滞，气滞中满者应慎食，也应少饮这款豆浆。

边喝边聊

生活很累，消费很贵，不宜浪费，转个弯就能化腐朽为神奇：把喝不完的剩豆浆、吃不完的剩南瓜丁都取来，先将豆浆倒入小锅中煮，再将南瓜丁蒸熟后捣烂，放入豆浆中煮至黏稠，点缀几粒葡萄干即可，食之清香宜人，解乏养身。

| 甘薯 | 有抗氧化的作用 |

+

| 南瓜 | 所含的南瓜多糖可提高机体免疫力 |

↓

提高机体免疫力，补充能量，增强体力

健脑豆浆

以你现在的脑力绝对想不到的效果：
巧思如泉，再没有"麻木不仁"……

核桃 富含卵磷脂，能滋养脑细胞，增强脑功能

＋

黑芝麻 补肝肾，益精血，能改善脑循环，增强思维的敏锐度

↓

能改善脑循环，滋养脑细胞，增强脑功能，有助于提高专注力和记忆力

材料 黄豆55克，核桃仁10克，熟黑芝麻5克，冰糖适量。

做法 1.将黄豆浸泡至软，洗净；黑芝麻碾成末；核桃仁切小块。

2.将泡好的黄豆、黑芝麻末和核桃仁块一同倒入全自动豆浆机中，加入适量清水后煮成豆浆。

3.将豆浆过滤后加冰糖调味即可。

豆博士料理

黑芝麻可以经炒制后碾成末，但炒制时千万不要炒糊，否则会令营养流失。

边喝边聊

健脑食物很多，为何最先想到的总是核桃？将500克核桃去壳取仁，加适量冰糖捣成核桃泥，密藏于瓷罐，馋了、倦了、困了、烦了，就取两匙，倒点儿开水冲匀了再喝，那香甜滋味能兴奋脑细胞，那浮起的白沫不就是传说中最补脑的"核桃奶"吗？

豆博士叮咛
腹泻、阴虚火旺者不宜食用核桃仁，也应少饮这款豆浆。

核桃杏仁豆浆

豆浆新饮力，营养新势力，打造新智力！

材料 黄豆50克，核桃仁、杏仁各10克，冰糖适量。

做法 1.将黄豆用清水浸泡至软，洗净；核桃仁和杏仁均碾成末。

2.将泡好的黄豆、杏仁末和核桃仁末一同倒入全自动豆浆机中，加适量水煮成豆浆。

3.将豆浆过滤后加冰糖调味即可。

豆博士料理

买来的杏仁最好先在水中多次浸泡，这样有助于消除其中的有毒物质。

豆博士叮咛

核桃仁与杏仁均有美容作用，能使皮肤红润光泽，所以女性朋友宜常饮这款豆浆。

边喝边聊

据说，明代翰林辛士逊夜宿青城山，有位道人传他长寿秘方：每天吃7粒杏仁。辛士逊一生遵方食用，至老年时思维敏捷、身轻体健。杏仁的滋补可见一斑！如果你觉得长寿这种事离你还有点儿远，先用它"按摩"一下麻木的神经也未尝不可。

核桃 为"健脑之神"，能补益脑神经，延缓脑神经衰老

+

杏仁 富含不饱和脂肪酸，具有营养脑神经、延缓衰老的作用

↓

具有补益大脑、延缓衰老的作用

咖啡豆浆

错把咖啡倒进了豆浆？——不是我不小心，只是诱惑难以抗拒……

黄豆 富含不饱和脂肪酸和磷脂，有利于促进大脑发育

+

咖啡 能刺激脑部的中枢神经系统，延长大脑的兴奋时间，使思路清晰、敏锐，注意力集中。

↓

有缓解疲劳、恢复体力、振奋精神的作用

材料 黄豆50克，即溶咖啡1小袋，白糖适量。

做法 1.将黄豆加适量水泡软，放入全自动豆浆机中煮成豆浆。

2.冲一杯热咖啡，将其慢慢注入豆浆。

3.将豆浆过滤后加入白糖调味即可。

豆博士料理

咖啡不要冲得太浓，否则饮用后易使人变得急躁且理解力降低。

边喝边聊

每天置身于优雅的办公室，你该不会对"咖啡时间"陌生吧？午饭后，品1杯浓郁的不加糖（可加少许牛奶）的咖啡，让脂肪燃烧吧！下班前再来1杯……瘦身什么时候变得如此简单了？若是来杯超营养的黑咖啡就更美了，常饮能容光焕发，光彩照人。

豆博士叮咛

在咖啡中加入豆浆代替牛奶饮用，是当下流行的时尚健康喝法，上班族宜经常饮用。

桂圆豆浆

慰问麻木的头脑，找回丢失的神儿……

🥄**材料** 黄豆50克，桂圆6颗。

🥄**做法** 1.黄豆用清水浸泡至软，洗净；桂圆去皮、取肉后洗净。

2.将泡好的黄豆与桂圆肉一同放入全自动豆浆机中，加入适量水后煮成豆浆。

😊 豆博士叮咛

体质虚弱的老年人、记忆力低下者更宜经常饮用这款豆浆。

健康TIPS

甜润可口，养血安神，能有效缓解失眠、健忘、神经衰弱等症状，尤其适合年老体衰者饮用。

核桃芝麻枸杞豆浆

比昨天更聪明了——这也许就是你对它"一见倾心"的理由。

🥄**材料** 黑豆25克，黑芝麻、核桃仁、枸杞子各适量。

🥄**做法** 1.黑豆泡至发软，洗净；枸杞子洗净。

2.泡好的黑豆与核桃仁、黑芝麻、枸杞子一同放入全自动豆浆机中，加入适量水煮成豆浆。

豆博士料理

白芝麻与黑芝麻营养成分大致相同，可用来代替黑芝麻。

😊 豆博士叮咛

老年人宜常饮用这款豆浆，有助于强健身体及抗衰老。

健康TIPS

富含卵磷脂和胆碱，具有强心健脑的作用，能有效改善大脑机能。

糙米花生豆浆

香甜滋味一定更对你的胃口，但大脑此时比你更需要它。

 糙米 含有各种维生素，对于保持认知能力至关重要

+

 花生 能增强记忆，抗老化，延缓脑功能衰退

↓

富含锌和多种维生素，能增强记忆，抗老化，延缓脑功能衰退

材料 糙米50克，熟花生10克，白糖少许。

做法 1.将糙米洗净，泡软后备用。

2.将泡好的糙米、熟花生一同放入全自动豆浆机中，加入适量水煮成豆浆。

3.将豆浆过滤后加入白糖调味即可。

豆博士料理

需要注意的是，由于糙米质地紧密，口感较粗，所以煮起来会比较费时，煮豆浆前要淘洗，并用冷水浸泡过夜，然后连浸泡的水一起用于制作豆浆。

边喝边聊

所谓众口难调，如何选择一款适合全家人享用的美食，一直困扰着各位"巧妇"。那么，接下来的这款豆浆将会解决大家的难题。它既可以增强记忆力，让你不用担心孩子的学习；还可以延缓脑功能衰退，是呵护父母的爱心之选。但别忘了给自己留一杯哦。

😊 豆博士叮咛

用花生来煮豆浆，可避免其中含有的营养素被破坏，更适宜体质虚弱的人饮用。

Part 10

百变新潮"豆"滋味

本章养生豆浆导读速查表

分类	名称	健康TIPS	页码
豆浆料理	西红柿玉米粒汤	生津止渴，增强记忆力，降脂降压，抗衰老	第186页
	红糖姜汁蛋浆羹	口感滑嫩，甜香可口，营养丰富，具有滋补健身的作用	第187页
	豆浆白伏芩粥	健脾补血，宁心利湿，可缓解胃肠神经官能症等症	第187页
	豆浆桂花玉米笋	可有效调理脾胃，润肠通便，提高人体消化功能	第188页
	豆浆玉米芝麻糕	营养丰富，养阴生津，有助于提高人体免疫力	第188页
	豆浆滋补饭	补血养血，健脑益智，有助于改善贫血、神经衰弱等症状	第189页
	豆浆鸡蛋糕	调节内分泌，减轻青春痘、暗疮症状，使皮肤白皙润泽，还能改善更年期症状，延缓衰老	第189页
	豆浆熘苹果楂糕	健脾开胃，促进消化，可有效改善厌食等症状	第190页
	豆浆荔蕉菠萝汁	具有生津止渴、健脾养胃、降压降脂等作用	第190页
	豆浆桃实糯米糊	健脾固肾，补血益精，可用于改善更年期综合征等症	第191页
	豆浆核桃蛋饼	具有健脾养胃、美发乌发、补血健脑、提神降压等作用	第191页
	薏米百合豆浆粥	缓解阴虚火旺导致的肺燥及虚烦不安症状	第192页
	豆浆奶油南瓜	营养丰富，和胃生津，有补钙降糖、润肠通便的作用	第192页
	豆浆葡萄干姜汁	生津止渴，强身健体，可有效改善更年期综合征、疲劳综合征、腰腿痛、慢性胃炎等症状	第193页
	香蕉苹果浆奶汁	补钙降压，健体防病，可改善高血压、骨质疏松等症	第193页
	豆浆猕猴桃羹	清热解毒，降压降脂，可预防和缓解高血压、高血脂、肥胖等症	第194页
	豆浆打卤面	具有健脾益肾、清热止渴、养心除烦等作用	第194页
	豆浆核桃蜜	补脑增智，润肠通便，降脂降压，缓解习惯性便秘	第195页
	豆浆黑芝麻汤圆	滋阴养血，补肝益肾，可缓解贫血、便秘、腰腿疼痛等症	第195页
豆渣料理	芹菜炒豆渣	营养加倍，能促进胃肠蠕动，可减肥、预防便秘	第196页
	香菇炒豆渣	有保持血管弹性的作用，可降低心血管疾病的发病率	第197页
	什蔬炒豆渣	富含膳食纤维，具有预防和缓解糖尿病的作用	第197页
	白菜炒豆渣	养胃生津、利尿通便、清热解毒，是很好的减肥菜肴	第198页
	素炒豆渣	有缓解糖尿病和预防肥胖的作用	第198页
	豆渣丸子	能促进胃肠蠕动，有利于食物消化，预防便秘和大肠癌	第199页
	葱香豆渣饼	富含膳食纤维，有减肥、缓解便秘的作用	第199页
	豆渣玉米面粥	营养丰富，含膳食纤维，能促进肠蠕动，预防便秘	第200页
	豆渣松饼	含有丰富的蛋白质和膳食纤维，能补充营养、促进消化，非常适合厌食、消化不良者食用	第200页
	豆渣馒头	富含膳食纤维，能促进消化，有利于减肥	第201页
	椰香燕麦豆渣粥	口感润滑、香浓可口，可提高机体抗病能力，还具有滋润皮肤、养颜美容的作用	第201页

变脸：将豆香美味进行到底

平凡的豆浆→超凡的菜

　　"长相"平凡的豆浆一旦入菜，就会立刻表现出适应性强、清淡香醇、营养丰富的特点，可以令同样平凡的菜肴马上升级，变成营养与美味兼具的超凡菜品。怎样做到这点呢？只需注意以下几个方面。

- **新鲜**：最好是用刚煮好的豆浆，变质发黏的不可用。
- **过滤**：用豆浆做菜前要注意过滤，避免菜品中有豆浆残渣，影响口感。
- **适量**：用豆浆做菜时要控制用量，宜现做现吃。
- **清淡**：用豆浆煮汤时不要过浓，如果豆浆太少，可以加点儿水补充。
- **小火**：豆浆下锅烧开后要转小火，如果火候太大，豆浆很容易烧煳。
- **撇净**：用豆浆做菜时，泡沫要及时撇净，不要溢出。

丑陋的豆渣→变美的你

　　"丑陋"的豆渣不仅入菜醇香美味，而且只需"稍动手脚"，转过身来就能让你变得比以前更漂亮。下面就介绍几种用豆渣做材料的美容方法。

- **去角质**：豆渣也是一种去角质产品，性质很温和，即使是敏感性皮肤也同样适用。取一点儿豆渣抹在手心，均匀地按摩面部，10分钟后再洗掉，能够感觉面部毛孔清透舒展，有种呼吸顺畅的感觉。
- **面膜**：将豆渣加一点儿蜂蜜均匀调和，把面膜纸浸泡进去，再取出后敷在面部，20分钟后揭掉，可令面部湿润娇嫩。
- **洗澡**：洗澡时把豆渣当按摩膏使，能温和地清洁皮肤，使皮肤光滑细嫩，一点儿也不干燥。

西红柿玉米粒汤

浆里来，浆里去，滚出一锅香浓的好汤！

西红柿 健胃消食，生津止渴，抗氧化，延缓细胞衰老，有美容护肤的作用

+

玉米 抗衰老，可降脂降压，增强脑力和记忆力

↓

生津止渴，增强记忆力，降脂降压，抗衰老

♦材料 西红柿2个，洋葱、玉米粒、瘦肉、香菇各50克，黄豆浆200毫升，盐、胡椒粉各适量。

♦做法 1.将西红柿、洋葱分别洗净，切小丁；瘦肉洗净切末；香菇泡软，洗净切小丁；玉米粒洗净。

2.将1中材料一同放锅中，加入黄豆浆煮成浓汤。

3.趁热加入盐和胡椒粉调味。

豆博士料理

把香菇泡在水里，用筷子轻轻敲打，其中含的泥沙就会掉落出来。

边喝边聊

西红柿、玉米粒加豆浆……怎么看怎么像农家口味，那就当农家口味来喝又何妨？谁不知道现在的农家菜最高贵，也最营养。把自己想象成坐在炕头上吧：左手拿着玉米面饼，右手拿根小葱蘸着酱，时不时舀上一勺浓汤，那个陶醉……

豆博士叮咛

洋葱有橘黄色皮和紫色皮两种，最好选择橘黄色皮的，每层比较厚，水分多，口感也脆。

红糖姜汁蛋浆羹

不腻微甜清香溢，味美汁浓蛋浆羹。

材料 黄豆浆200毫升，鸡蛋1个，盐、姜、红糖、蜂蜜各适量。

做法 1.将姜切末后放入碗中，再加入适量红糖制成浓姜汁。

2.鸡蛋取蛋清放入碗中，加入盐、蜂蜜后打散，倒入黄豆浆搅匀。

3.将蒸锅添水烧开，放入做法2中的材料，蒸熟后浇入浓姜汁即可。

豆博士料理

为糖尿病患者做这款蛋浆羹时，不要加红糖，否则易引起血糖波动，加重病情。

健康TIPS

口感滑嫩，甜香可口，营养丰富，具有滋补健身的作用。

豆浆白茯苓粥

靓粥之美，美在豆香……

材料 黄豆浆200毫升，大米80克，白茯苓粉2克，盐、味精、姜末、胡椒粉各适量。

做法 1.将大米淘洗干净，煮成粥。

2.加入黄豆浆、白茯苓粉，继续煮5分钟。

3.最后加入盐、味精、姜末、胡椒粉调味，稍煮即可。

豆博士料理

白茯苓在药店很容易买到，购买时可直接研成末，也可用家用粉碎机研末。

豆博士叮咛

阴虚而无湿热、气虚下陷者慎服茯苓，也应少饮这款粥。

健康TIPS

健脾补血，宁心利湿，可缓解贫血、胃肠神经官能症等症。

豆浆桂花玉米笋

微酥奇香，唤醒沉睡中的味觉！

材料 黄豆浆200毫升，玉米笋250克，白糖30克，糖桂花15克，鸡蛋2个，干淀粉适量。

做法 1.将玉米笋洗净，蘸上少量干淀粉拍匀；鸡蛋打散成蛋液，加剩余干淀粉和适量黄豆浆调成糊，并将玉米笋挂糊。

2.油锅烧热，将挂糊玉米笋炸至外层硬脆，捞出沥油。

3.将剩余黄豆浆、白糖熬至浓稠，倒在炸玉米笋上，撒上糖桂花即可。

健康TIPS

可有效调理脾胃，润肠通便，提高人体消化功能。

豆博士叮咛

一般人群均可食用糖桂花，但糖尿病患者、火热内盛者应慎食。

豆浆玉米芝麻糕

香糯浓浆，软滑嫩爽，唇齿间的一场美味冲撞……

材料 黄豆浆200毫升，玉米粒150克，大米粉、糯米粉各15克，黑芝麻、白糖各适量。

做法 1.将玉米粒洗净，捣烂，然后加入大米粉、糯米粉、黄豆浆、白糖调匀，揉成玉米粒粉团。

2.将粉团放入模具，制成糕坯，撒上黑芝麻，上笼，用大火蒸熟即可。

豆博士叮咛

糯米黏腻，作成糕后更难消化，所以婴幼儿、老年人及病后消化力弱者不宜食用此糕。

健康TIPS

营养丰富，养阴生津，有助于提高人体免疫力。

豆浆滋补饭

浆浓滋补，醇美沉醉，温暖直入心怀……

材料 黄豆浆200毫升，糯米150克，葡萄干30克，花生25克，红枣20克，莲子、核桃仁各15克。

做法 1.将糯米、莲子分别淘洗干净，浸泡至软；花生、红枣、葡萄干分别洗净，红枣去核；核桃仁掰成小块。

2.将上述材料一同倒入电饭锅中，加入黄豆浆和适量水，蒸成米饭即可。

豆博士料理

红枣虽然滋补作用强，但吃多了会胀气，因此使用红枣时应注意控制用量。

豆浆鸡蛋糕

用心堆砌的金黄"壁垒"，需要一勺一勺攻破……

材料 黄豆浆200毫升，鸡蛋2个，白糖、水淀粉各适量。

做法 1.将鸡蛋打散，加入水淀粉、白糖和适量水调成鸡蛋糊。

2.锅置火上，倒入黄豆浆，煮沸3分钟后加入调好的鸡蛋糊，搅匀成糕状即可。

豆博士料理

黄豆浆煮沸后需再加热3分钟，然后加入鸡蛋糊，才能使人体更完全地吸收和利用蛋白质。

豆浆熘苹果楂糕

材料 黄豆浆100毫升，山楂糕50克，苹果20克，白糖、桂花、干淀粉各适量。

做法 1.将苹果洗净，去皮、核后切丁；山楂糕切丁；黄豆浆中加入干淀粉调成芡汁。

2.锅内加适量水和白糖，烧开后加入豆浆淀粉芡汁，改小火再煮几分钟。

3.加苹果丁、山楂糕丁炒匀，撒上桂花。

豆博士料理

苹果削掉皮后如不急于切成丁，可将其浸在淡盐水里，能防止氧化，使其更清脆香甜。

健康TIPS

健脾开胃，促进消化，可以有效改善食欲不振、厌食等症状。

豆浆荔蕉菠萝汁

好心情调理出的好豆浆，哪个男人不喜？哪个女人不爱？

材料 黄豆浆100毫升，荔枝肉、菠萝肉、香蕉肉各80克，白糖、干淀粉、冰糖各适量。

做法 1.将黄豆浆中加入干淀粉调成芡汁；荔枝肉、菠萝肉、香蕉肉分别切成片状备用。

2.将锅中加入适量水，放入荔枝肉片、菠萝肉片、香蕉肉片及白糖，煮沸。

3.加入冰糖，用豆浆淀粉芡汁搅拌均匀，再次煮沸即可。

豆博士料理

若用罐装荔枝肉、菠萝肉、香蕉肉，其汁液最好也一同使用。

健康TIPS

营养丰富，具有生津止渴、健脾养胃、降压降脂等作用。

豆浆桃实糯米糊

"色"不迷人人自迷，甘醇米糊，
猜中了女人的心思……

材料 黄豆浆200毫升，糯米粉、芡实
粉各50克，核桃仁20克，白糖适量。

做法 1.将核桃仁洗净，切成碎末；糯
米粉与芡实粉混匀。

2.将黄豆浆煮沸后继续煮3分钟，加入核
桃仁末、糯米芡实粉慢慢拌成稠糊。

3.再次煮沸稠糊，加入白糖调味即可。

豆博士料理

用核桃仁末、糯米芡实粉拌稠糊时，
要用慢火煮才能更好地保全其营养。

健康TIPS
健脾固肾，补血益精，可用于
改善更年期综合征及贫血等症。

豆浆核桃蛋饼

软绵绵，麻酥酥，非常营养非常
爽……

材料 面粉500克，黄豆浆200毫升，鸡蛋
1个，核桃仁50克，黑芝麻10克，白糖、盐
各适量。

做法 1.将核桃仁、黑芝麻分别炒熟，
碾成碎末；鸡蛋打散成蛋液。

2.在核桃仁末、黑芝麻末中加入面粉、黄
豆浆、鸡蛋液、白糖、盐、植物油及适量

水搅拌成面团，再将面团揉匀后下入锅
内，用小火烙成圆饼，出锅后即可食用。

豆博士料理

民间有"麦吃陈，米吃新"的说法，
选用存放时间长些的面粉，其品质要比新
磨的面粉更好。

健康TIPS
具有健脾养胃、美发乌发、补
血健脑、提神降压等作用。

薏米百合豆浆粥

滋润咽喉和心田，满身疲倦在不经意间化解。

材料 黄豆浆150毫升，薏米、干百合各20克，大米、甜杏仁各10克，枸杞子、白糖各适量。

做法 1.薏米、干百合用温水泡透；枸杞子、粳米分别洗净。

2.在瓦煲中加入适量清水，烧开后加入黄豆浆、薏米、百合、大米，小火煲约30分钟，再加入枸杞子、甜杏仁、白糖，继续煲8分钟即可。

豆博士料理

莲子心同样有去火作用，可用莲子代替百合。

健康TIPS
缓解阴虚火旺导致的肺燥及虚烦不安症状。

豆浆奶油南瓜

南瓜的清香伴上奶香，缺少些浪漫的感觉，倒有几分家的味道！

材料 黄豆浆100毫升，奶油40毫升，南瓜100克，玉米粒50克，洋葱2克，黄油、芹菜末、胡椒粉、蒜、盐、肉汤各适量。

做法 1.黄豆浆与奶油搅匀；南瓜洗净，切成块；洋葱洗净，切成片；蒜洗净，切成末。

2.锅内放黄油烧热，加洋葱片、玉米粒、南瓜块翻炒，再加肉汤和豆浆奶油，用小火炖熟玉米粒，加盐、胡椒粉拌匀，撒上蒜末、芹菜末即可。

豆博士叮咛

奶油是一种高热量的食品，脂肪含量高，所以身体肥胖者应少食这款菜品。

健康TIPS
营养丰富，和胃生津，有补钙降糖、润肠通便的作用。

豆浆葡萄干姜汁

豆浆之美，葡萄之甜，姜汁之鲜……谁在暗自垂涎？

材料 黄豆浆150毫升，葡萄干25克，姜汁15克，白糖适量。

做法 1.将葡萄干用清水洗净，放入黄豆浆中煮沸。

2.在葡萄干豆浆中兑入姜汁，再煮至沸，离火后加入白糖调味即可。

豆博士料理

如果自己制作姜汁，可将鲜姜剁成末，然后放入干净的容器中，加入醋、精盐、味精、香油，调拌均匀即可。

健康TIPS

生津止渴，强身健体，可有效改善更年期综合征、疲劳综合征、腰腿痛、慢性胃炎等症状。

香蕉苹果浆奶汁

色美香足，似浆似奶真"汁"味；飘然陶醉，偏我这般有口福……

材料 黄豆浆30毫升，酸牛奶60毫升，香蕉100克，苹果1个，白糖适量。

做法 1.将香蕉去皮后捣成泥；苹果洗净，去皮、核后切碎末。

2.将黄豆浆煮沸后继续煮3分钟，加入白糖、香蕉泥、苹果碎末、酸牛奶搅拌均匀即可。

豆博士叮咛

平时胃酸过多者不宜多喝酸牛奶，也应少饮这款浆奶汁。

健康TIPS

补钙降压，健体防病，可改善高血压、骨质疏松等症。

豆浆猕猴桃羹

视觉、味觉、嗅觉、感觉"四重唱",别有一番滋味……

材料 黄豆浆、猕猴桃汁各150毫升,白糖、干淀粉各适量。

做法 1.将猕猴桃汁与干淀粉调成芡汁。
2.将黄豆浆煮沸后继续煮3分钟,加白糖和做法1的芡汁搅匀,再次煮沸后凉凉。

豆博士料理

制作此羹时也可选用新鲜猕猴桃,放入2~4层纱布中挤汁。

> 🐵 **豆博士叮咛**
> 女性经期最好少饮或者不饮猕猴桃汁。

健康TIPS
清热解毒,降压降脂,可预防和缓解高血压、高血脂、肥胖等症。

豆浆打卤面

家常的打卤面,蘸满了所有关于幸福的味道……

材料 面粉200克,黄豆浆100毫升,西红柿鸡蛋卤200克,黄瓜50克,盐适量。

做法 1.将面粉加盐,少量多次地淋入黄豆浆,揉成面团;黄瓜洗净,切丝。
2.面团擀成薄面片,再切成面条,撒少许面粉抓匀,煮熟后捞入碗中。
3.淋入西红柿鸡蛋卤,放上黄瓜丝拌匀即可。

豆博士料理

煮面条的汤中富含维生素B_1,既吃面条又喝汤,能吸收更多的营养。

健康TIPS
具有健脾益肾、清热止渴、养心除烦等作用。

豆浆核桃蜜

甜甜蜜蜜黏黏，剪不断，理还乱，才下勺头，却上心头……

材料 黄豆浆30毫升，核桃仁100克，蜂蜜适量。

做法 1.将核桃仁洗净后捣成泥，放入豆浆机中，加入适量水后磨成浆。

2.将黄豆浆煮沸后继续煮3分钟，兑入核桃仁浆搅匀，用小火煮至再沸，加入蜂蜜调味即可。

豆博士料理

制作这款豆浆核桃蜜时，蜂蜜宜最后放，因为高温蒸煮蜂蜜，可使其中的营养物质严重破坏，导致颜色变深、香味挥发、滋味改变，食用时会有酸味。

健康TIPS

补脑增智，润肠通便，降脂降压，缓解习惯性便秘。

豆浆黑芝麻汤圆

扑面而来的温暖感动，拥之入怀的团圆和美……

材料 黄豆浆600毫升，黑芝麻汤圆10个，白糖适量。

做法 1.将黄豆浆煮沸后继续煮3分钟，放入黑芝麻汤圆，煮至熟软。

2.依个人口味加入白糖调味即可。

豆博士料理

手工制作黑芝麻汤圆时，外皮不要太厚，以免影响口感。

健康TIPS

滋阴养血、补肝益肾，可缓解贫血、便秘、腰腿疼痛等症状。

芹菜炒豆渣

请别再叫我"豆渣"，我有个新名字——"豆潮族"！

豆渣 富含膳食纤维，有预防肠癌及减肥的作用

+

芹菜 富含膳食纤维，可预防和缓解便秘

↓

营养加倍，能促进胃肠蠕动，有减肥、预防便秘和肠癌的作用

材料 豆渣、玉米面各80克，芹菜30克，鸡蛋1个，盐、胡椒粉各适量。

做法 1.将芹菜择洗干净，切末；鸡蛋打成鸡蛋液。

2.将芹菜末与豆渣、鸡蛋液、玉米面混合，加盐、胡椒粉调味，搅拌均匀。

3.锅倒油烧热，倒入做法2中材料，用锅铲压平，小火慢煎至两面金黄即可。

边喝边聊

下面仍以豆渣的名义向你推荐一款"小豆腐"，其实是为了让你的头脑中满是"豆渣"的符号！——通常这也是最后的"结局"。做"小豆腐"时，先用油、葱花蒸锅，加适量豆渣，再打入2个鸡蛋，略翻炒后加盐、味精调味即可，常吃能健身补脑。

豆博士料理

将芹菜末与豆渣、蛋液、玉米面混合调味时，如果太干，可以用水来调节稀稠度，搅拌成无颗粒的面糊。

豆博士叮咛

芹菜性凉质滑，脾胃虚寒、大便溏薄者不宜多食，也应少食这款菜品。

香菇炒豆渣

材料 豆渣250克，干香菇3朵，西蓝花秆40克，红甜椒1个，葱末、料酒、盐各适量。

做法 1.干香菇泡发，洗净、去蒂、切丁；红甜椒去籽和蒂，洗净后切丁；西蓝花秆洗净后切丁；豆渣用纱布包好，挤去水分。

2.锅烧热，放入葱末和红甜椒丁，煸炒出香味，放入西蓝花秆丁、香菇丁、料酒，翻炒片刻后放入豆渣、盐，炒至豆渣熟即可。

豆博士料理

用西蓝花入菜时选用西蓝花秆，可使成菜清爽，切丁炒食效果更好。

健康TIPS
有保持血管弹性的作用，可降低心血管疾病的发病率。

什蔬炒豆渣

材料 豆渣200克，青椒、红椒、胡萝卜、芹菜各30克，干香菇3朵，料酒、葱末、盐各适量。

做法 1.干香菇泡发后切丁；豆渣用纱布包好，挤去水分；青椒、红椒、胡萝卜、芹菜均洗净，切丁。

2.锅倒油烧热，炒香葱末，放入做法1中的材料，淋入料酒，翻炒片刻，放入豆渣，略炒后加入盐，继续翻炒至豆渣熟即可。

豆博士料理

干香菇泡发前，先用冷水冲洗干净，然后"鳃页"朝下放入温水盆中浸泡。

健康TIPS
具有预防和缓解糖尿病的作用。

白菜炒豆渣

色味俱佳，如灰姑娘变成公主！让你不由得联想到自己。

材料 豆渣、小白菜各400克，葱花、盐、味精各适量。

做法 1.小白菜用清水洗净切段；豆渣沥水炒干。

2.油锅烧热，加入葱花煸香，再放入豆渣略炒。

3.最后再加入小白菜，撒入盐、味精翻炒入味即可。

豆博士料理

切小白菜时宜顺丝切，这样炒菜时，小白菜容易熟，且营养不易流失。

健康TIPS
养胃生津，利尿通便，清热解毒，是很好的减肥菜肴。

素炒豆渣

给养生的你以健康，给好食的你以可口。

材料 芹菜80克，豆渣、鲜香菇、胡萝卜各60克，金针菇40克，姜末、盐、白糖、胡椒粉各适量。

做法 1.将鲜香菇切片；胡萝卜切丝；芹菜切段；金针菇去蒂、头，洗净。

2.锅中倒油烧热，下入姜末、豆渣炒香，再加入香菇片、胡萝卜丝、芹菜段、金针菇后炒匀。

3.撒入盐、白糖、胡椒粉，加入适量清水炒匀即可。

豆博士料理

脾胃虚寒者不宜过多食用金针菇。

健康TIPS
具有缓解糖尿病和预防肥胖的作用。

豆渣丸子

材料 豆渣80克，鸡蛋2个，胡萝卜40克，面粉25克，白胡椒粉、盐、香菜各适量。

做法 1.将胡萝卜、香菜分别洗净，切末；鸡蛋打散成蛋液。

2.将胡萝卜末、香菜末与豆渣、面粉、白胡椒粉、盐、鸡蛋液一起搅匀，制成丸子。

3.锅中倒油烧热，下入豆渣丸子以慢火炸熟，捞出沥油即可。

豆博士叮咛

油煎豆渣丸子对于消化功能减退的老年人来说，不容易消化，应少吃或不吃。

健康TIPS

能促进胃肠蠕动，有利于食物消化，预防便秘和大肠癌。

葱香豆渣饼

材料 豆渣80克，鸡蛋3个，面粉60克，葱花、盐各适量。

做法 1.鸡蛋打散，加入所有材料搅成稠糊。

2.锅中倒油烧热，倒入做法1中的稠糊，摊成圆饼状，煎至两面金黄色熟透，切成块即可食用。

豆博士料理

用葱花来炒豆渣饼，味道香酥且没有豆腥味。当然，也可以将葱换成其他蔬菜，制成各种各样的蔬菜豆渣饼。

健康TIPS

富含膳食纤维，有减肥、缓解便秘的作用。

豆渣玉米面粥

选择这碗朴素的粥，不是因为缺乏营养，而是要跟随时尚的目光！

材料 豆渣80克，玉米面粉、白糖各适量。

做法 1.将豆渣、玉米面粉加少许清水调成稀糊状。

2.锅中放入水、做法1中的稀糊煮开，撒入适量白糖调味即可。

😊 **豆博士叮咛**

脾胃气虚、气血不足、营养不良者宜经常食用这款粥。

健康TIPS

营养丰富，含膳食纤维，能促进肠蠕动，预防便秘。

豆渣松饼

香喷喷、热乎乎的松饼，能在瞬间激活你的味蕾，令你频频赞美……

材料 豆渣80克，低筋面粉60克，鸡蛋2个，豆浆250毫升，葱末、盐各适量。

做法 1.将鸡蛋打散成蛋液，加入豆渣、低筋面粉、葱末、盐搅拌成糊状。

2.锅置火上，倒入油烧热，然后用勺舀入做法1中的糊倒入锅中，摊成圆饼状，煎至两面金黄色且熟透即可食用。

豆博士料理

如果只有高筋面粉，可用高筋面粉和玉米淀粉以1∶1的比例调配成低筋面粉。

健康TIPS

含有丰富的蛋白质和膳食纤维，能补充营养，促进消化，非常适合厌食、消化不良者食用。

豆渣馒头

没有特别的创意，只用口感与营养来证明自己……

♀材料 豆渣80克，面粉200克，玉米面30克，白糖、酵母各适量。

♀做法 1.将豆渣、面粉、玉米面混合均匀，加白糖和酵母，放入温水和成面团并饧发好。

2.将面团揉搓成柱状，切块后揉成馒头坯备用。

3.蒸锅中加入适量水，将馒头坯放在湿屉布上蒸熟即可。

> **☺豆博士叮咛**
>
> 购买食用酵母时，应选购有正规厂商生产标识、密封完好、无结块、无潮湿现象的酵母。

健康TIPS

富含膳食纤维，能促进消化，有利于减肥。

椰香燕麦豆渣粥

热带甘甜的椰浆气息在粥中溢满，香甜入心。

♀材料 豆渣80克，燕麦片40克，椰浆25毫升，白糖适量。

♀做法 1.将锅中加入适量水烧开，放入豆渣、燕麦片及白糖煮开。

2.加入椰浆搅匀调味即可。

豆博士料理

制作这款豆渣粥时，不可将椰浆与其他材料一起水煮，因为高温加热会令椰浆中的营养成分流失。

健康TIPS

口感润滑、香浓可口，可提高机体的抗病能力，还具有滋润皮肤、养颜美容的作用。

黄豆原味豆浆

材料 黄豆100克，白糖适量。

做法 1.将黄豆加适量清水泡发至软，捞出洗净。

2.将黄豆放入全自动豆浆机中，加入适量水煮成豆浆。

3.将豆浆过滤，加入适量白糖调味即可。

绿豆清凉豆浆

材料 绿豆100克，白糖适量。

做法 1.将绿豆加适量水泡至发软，捞出后洗净。

2.将绿豆放入豆浆机中，加适量清水煮成绿豆豆浆。

3.将豆浆过滤，加入适量白糖调味即可。

黑豆营养豆浆

材料 黑豆100克，白糖适量。

做法 1.将黑豆加水泡软，捞出洗净。

2.将黑豆放入豆浆机中，加适量清水煮成黑豆豆浆。

3.将豆浆过滤，加入适量白糖调味即可。

红豆养颜豆浆

材料 红豆100克，白糖适量。

做法 1.将红豆加适量清水泡至发软，捞出洗净。

2.将红豆放入豆浆机中，加适量清水煮成红豆豆浆。

3.将豆浆过滤，加入白糖调味即可。

长寿五豆豆浆

材料 黄豆40克，黑豆、青豆、豌豆、花生各15克，冰糖适量。

做法 1.将黄豆、黑豆、青豆和豌豆分别加水泡至发软，捞出洗净；花生洗净。

2.将上述材料放入豆浆机中，加适量清水煮成豆浆。

3.将豆浆过滤，加入冰糖调味即可。

五谷延年豆浆

材料 黄豆80克，大米、小米、小麦仁、玉米渣各5克。

做法 1.将黄豆、大米、小米、小麦仁、玉米渣分别加水泡软，捞出洗净。

2.将所有泡好的材料一同放入全自动豆浆机中，加适量水煮成豆浆即可。

燕麦黑芝麻豆浆

材料 黄豆50克，燕麦30克，熟黑芝麻10克，冰糖适量。

做法 1.黄豆用清水浸泡至软后洗净；燕麦淘洗干净后用清水浸泡2小时；熟黑芝麻碾成末。

2.将上述材料倒入豆浆机，加水煮成豆浆。

3.将豆浆过滤，加冰糖调味即可。

莲子花生豆浆

材料 黄豆100克，莲子、花生各30克。

做法 1.黄豆、莲子、花生分别加水泡至发软，捞出洗净；莲子去心、切丁。

2.将莲子丁、黄豆、花生放入豆浆机中，加入适量水煮成豆浆。

枸杞小米豆浆

材料 黄豆50克，小米30克，枸杞子20粒。

做法 1.将黄豆用清水浸泡至软，洗净；小米、枸杞子分别用清水洗净。

2.将泡好的黄豆、小米和枸杞子一同放入全自动豆浆机中，加适量水煮成豆浆即可。

桂圆山药豆浆

材料 黄豆、山药各50克，桂圆适量。

做法 1.将黄豆加水泡至发软，捞出洗净；山药去皮后洗净，切小块，氽烫片刻，捞出沥干；桂圆去皮、核，取肉。

2.将山药块、桂圆肉、泡好的黄豆一同放入全自动豆浆机中，加入适量水煮成豆浆即可。

蜂蜜养颜豆浆

材料 黄豆、蜂蜜各40克，绿豆35克。

做法 1.将黄豆、绿豆分别浸泡至软，捞出洗净。

2.将泡好的黄豆和绿豆一同放入全自动豆浆机中，加入适量水煮成豆浆。

3.待豆浆稍凉后加入蜂蜜调味即可。

鲜橙柠檬汁

材料 橙子2个，柠檬1个，蜂蜜适量。

做法 橙子洗净，切两半后榨汁；柠檬洗净榨汁；将橙汁与柠檬汁及蜂蜜混合后拌匀即可饮用。

柚子芹菜汁

材料 柚子1/2个，芹菜50克，蜂蜜1小匙。

做法 芹菜洗净切块，榨汁；柚子去皮切瓣，榨汁；将二汁倒入杯中，加入蜂蜜调匀即可。

美肤柠檬汁

材料 苹果50克，莴笋20克，柠檬汁少许，蜂蜜1小匙。

做法 将莴笋、苹果分别洗净切块，放入榨汁机中，加入蜂蜜及水搅打均匀，加少许柠檬汁即可。

苹果蔬菜汁

材料 苹果1个，胡萝卜丁、芹菜丁各25克。

做法 将苹果洗净，去蒂除核，切丁；将胡萝卜丁、苹果丁、芹菜丁分别榨汁，混合后调匀即可。

苹果菠萝汁

材料 苹果1个，胡萝卜1/2根，菠萝1/4个，芹菜汁50克，冰糖适量。

做法 将苹果、胡萝卜、菠萝分别洗净，切块，打成果汁，加入芹菜汁、冰糖调匀即可。

果蔬牛奶汁

材料 苹果300克，油菜15克，牛奶150毫升，蜂蜜1小匙。

做法 将苹果去皮、核后切块，油菜切段，一同放入榨汁机中，加牛奶搅打均匀，再加入蜂蜜即可。

雪梨西瓜汁

材料 西瓜450克，雪梨200克。

做法 将雪梨洗净，去皮、核，切块；西瓜去皮，果肉切块；将雪梨块与西瓜块放入榨汁机中打成果汁即可。

木瓜草莓汁

材料 木瓜1个，草莓3颗，橘子2个，炼乳1大匙，熟蛋黄1/2个。

做法 将木瓜、橘子分别洗净后去皮、子，切块；将所有材料倒入榨汁机中搅打均匀。

西红柿梨汁

🥄**材料** 梨2个，西红柿1个。

🥄**做法** 将梨洗干净，去皮、核，切块；西红柿洗净后去皮、蒂，切块；将梨块与西红柿块放入榨汁机中，打成果汁即可。

葡萄梨奶汁

🥄**材料** 梨1个，鲜奶300毫升，哈密瓜1/4个，葡萄干1小匙，炼乳适量。

🥄**做法** 将梨去皮、核，切小块，与葡萄干、炼乳、哈密瓜一同放入榨汁机，加鲜奶打匀即可。

蜜桃菠萝汁

🥄**材料** 水蜜桃300克，菠萝50克，蜂蜜适量。

🥄**做法** 将水蜜桃、菠萝分别洗净；水蜜桃去核，与菠萝一起切块，再放入榨汁机中榨汁；加入适量蜂蜜搅打均匀即可。

香蕉奶汁

🥄**材料** 酸奶2大匙，香蕉1根，纳豆粉1大匙。

🥄**做法** 将香蕉去皮后切块；将香蕉块与纳豆粉、酸奶一同放入榨汁机中，加入适量开水搅打均匀即可。

图书在版编目(CIP)数据

营养豆浆轻松做 / 《优质生活》编委会编著. -- 北京 : 中国纺织出版社, 2016.3

ISBN 978-7-5180-1901-4

Ⅰ.①营… Ⅱ.①优… Ⅲ.①豆制食品 - 饮料 - 制作

Ⅳ.①TS214.2

中国版本图书馆CIP数据核字（2015）第221219号

责任编辑：张天佐　　　责任印制：王艳丽

中国纺织出版社出版发行
地址：北京市朝阳区百子湾东里A407号楼　邮政编码：100124
销售电话：010—67004422　传真：010—87155801
http://www.c-textilep.com
E-mail: faxing@c-textilep.com
中国纺织出版社天猫旗舰店
官方微博http://weibo.com/2119887771
北京佳诚信缘彩印有限公司印刷　各地新华书店经销
2016年3月第1版第1次印刷
开本：710×1000　1/16　印张：13
字数：183千字　定价：29.80元